HANDBOOK OF JAPANESE PEPPER

育てて楽しむ

サンショウ

栽培・利用加工

Mano Takashi
真野隆司 編

創森社

収穫期の
サンショウ果実

サンショウ栽培の価値と有用性～序に代えて～

サンショウは、昔から家の庭の隅によく植えられてきました。「山椒は小粒でぴりりと辛い」は、あまりにも有名なことわざですが、体は小さくとも才能や力量が優れていて、侮《あなど》れないことのたとえです。そのたとえどおり、サンショウの用途はきわめて広く佃煮、ツマ、つけ合わせ、香辛料、漢方薬、すりこ木などとして、実や葉はいうにおよばず、花から樹皮、幹にいたるまで捨てるところなく利用され、親しまれています。

一方、サンショウ栽培は、比較的手がかからず、小規模でも収益の上がる作物でもあります。また、サンショウの利用には加工が必須なことから、栽培から加工、流通、販売までを一手に地域で担う「六次産業化」が可能です。とくに過疎や高齢化に悩む中山間地域では、サンショウは地域おこしの重要なアイテムとして各地で注目されています。

本書は、こういった経済栽培に取り組む生産者はもちろん、家庭でつくってみたい、家庭でつくってはみたがよく枯れてしまう、という方々をも含めて対象に編纂し、まとめたものです。本書を手にしたみなさんが、思い思いにサンショウを育てて楽しみ、生かすことができるよう願ってやみません。

なお、本書は、サンショウ主産地の栽培・利用加工の関係者のみなさん、さらにサンショウ研究者の方々のご支援、ご協力なくしては完成しませんでした。ここに記して心から感謝申し上げ、発刊のことばといたします。

２０１６年　新緑の色ます季節に

編者　真野　隆司

育てて楽しむサンショウ　栽培・利用加工●もくじ

サンショウが開花

成熟したサンショウ果実

● MEMO ●

◆本書の栽培は関東、近畿地方を基準にしています。生育は地域、品種、気候、栽培管理法によって違ってきます。

◆本文掲載地の照会先などは、巻末のインフォメーションで紹介しています。

◆果樹園芸の専門用語、英字略語などについては、初出用語下の(　)内などで解説しています。

開花した花ザンショウ

産地では生果も販売

〈主な参考文献〉

『サンショウ～実・花・木ノ芽の安定多収栽培と加工利用～』内藤一夫著(農文協)

『農業技術大系　野菜編１』内藤一夫、松井勇執筆(農文協)

『野菜園芸大事典』清水茂監修(養賢堂)

「アサクラサンショウ栽培の手引」真野隆司監修(兵庫県立農林水産技術総合センター北部農業技術センター)

「ブドウサンショウのハウス栽培における着花・結実管理技術に関する研究」前田隆昭執筆(近畿大学)

「サンショウ栽培品種の成分比較研究」坂井至通、中島美幸執筆(岐阜県森林研究所)

第1章

サンショウの生態・種類・利用

成熟期のサンショウ果実

ジャパニーズペッパーの魅力

ミカン科の落葉低木

サンショウには、独特の芳香やピリッとした爽やかな辛味があり、ウナギの蒲焼きや焼き鳥、小魚を煮たときの匂い消しや、コンブなどと炊いた佃煮などに加工されて食されています。サンショウは古称では「はじかみ」といい、日本人にとってなじみ深く、古くから香辛料や漢方薬として使われてきました。

サンショウは雌雄異株

サンショウ（*Zanthoxylem piperitum*）は、英名でジャパニーズペッパー（Japanese pepper）。ミカン科サンショウ属の落葉低木で雌雄異《しゆうい》株《しゅ》です。落葉樹ですがミカン科なので、温暖な気候を好む植物です。

東アジア、および日本が原産といわれ、中国や朝鮮半島の一部にも分布しています。

わが国では、北は北海道の南部から、南は九州までの山地に自生しています。自生のサンショウは、山野の水はけがよい傾斜地によく見受けられます。また、用途が広いことから庭先などに庭木、もしくはシンボルツリーとして植えられているケースも少なくありません。

実をつけるのは雌株

雌株の開花

サンショウは実をつける雌株《めかぶ》と、花は咲くが実をつけない雄株《おかぶ》があります。春になると葉のつけ根に、黄緑色の小花がつきますが、雌花《めばな》は雌しべと柱頭だけで雄しべはありません。また、雄花《おばな》には5本の長い雄しべがあります。雄しべの小粒のなかには花粉が入っていて、葯と呼ばれています。

成長するとよく枝分かれし、2〜3mほどになります。葉は小型の奇数羽状複葉で、茎に互生します。長さは5~15cmで、小葉は1~2cmの楕円形。縁は鋸歯《きょし》状になっています。葉の表は淡い緑色ですが、裏は表に比べて白っぽくなっています。

　開花後、雌株が受粉することによってはじめて結実します。雄株は開花しますが、結実することはありません。約1か月ほどで雌株は、直径5㎜くらいの果実をつけます。サンショウの果皮色は、はじめ鮮やかな黄緑色ですが9~10月ごろになると赤く熟し、裂開して中の黒い種子が出てきます。

果実が肥大。収穫間近

実・花・葉・若芽まで利用

サンショウの利用範囲は広く、むだになる部分はありません。葉や花、実、樹皮などあらゆる部分が利用されています。春に出てくる若芽は「木の芽」といい、手のひらにのせてぱんと叩くと、独特の爽やかな香りがします。木の芽は、お吸い物やあえ物、またサンショウみそなどに使われます。

　開花後、30日くらいで収穫される未熟果の生果は「青ザンショウ」と呼ばれ、主に佃煮や吸い口（吸い物に浮かべて芳香を添えるツマ）として利用されます。また、乾果は漬け物などに使われます。成熟した実は「実ザンショウ」とも呼ばれ、佃煮や乾燥して粉末にし、香辛料や漢方薬の材料として用いられます。

果実も葉も利用範囲が広い

　雄株の花は「花ザンショウ」として扱われることが多く、高級料理のツマや甘辛く炊いて佃煮、御猪口《おちょこ》に注いだ燗酒に花を浮かべたサンショウ酒などにも使われます。

　サンショウのあま肌（樹皮の内側の薄皮）は、コンブと一緒にしょうゆなどで煮た佃煮にされます。

収穫した花ザンショウ

独特の辛味&香気成分と効能

サンショウの成分

サンショウの特徴は、その成分である辛味成分と香気成分です。

サンショウの辛味成分はサンショオール類で、10種以上の成分が見つかっていますが、とくに果実に多く含まれているのが、サンショオールとヒドロキシサンショオールです。

サンショウの香りの成分は、柑橘系の爽やかな香りのリモネン、ペパーミントのような快い香りのフェランドレン、針葉樹に含まれる香りのピネン、バラのような香りのシトロネラールや酢酸ゲラニルなどの成分が混じり合って、サンショウ特有の香りになっています（図1）。

図1　サンショウの辛味と香りの効果

サンショウの効能

サンショウは漢方薬として、非常に古くから利用されてきたことはよく知られています。漢方薬の原料になるサンショウは、成熟期を迎えた7月半ばから8月下旬ころに収穫された実を乾燥させて使います。

薬効としては、胃腸の機能を高める効果、解毒や駆虫、胃下垂や胃痛の緩和、それに冷え症を改善する効果、痛みを軽減する効果があるといわれています。

また、サンショオール類のピリリと辛味のある成分が、舌に強い刺激を与えます。味覚を過敏にし、薄い味つけでも満足感を得やすくなることで、減塩効果が期待できるともいわれています。

サンショウの系統と種類・特徴

サンショウの種類

サンショウにはいくつも系統があり、種類を厳密に分類するのは、むずかしいものがあります。

アサクラサンショウの産地である兵庫県但馬《たじま》地域でも、栽培しているサンショウ以外に、山地に自生しているヤマザンショウがたくさんあり、交雑しているからです。したがって、厳密にアサクラサンショウか、他のサンショウかを見分けるのは不可能といってもよいでしょう。

園地の在来サンショウ（山梨県北杜市　6月下旬）

在来サンショウにはトゲがある

　大別すると、サンショウは栽培されているものと、自生しているもの（ヤマザンショウ）、さらに近縁種に分類できます。

　栽培ものの主な種類にアサクラサンショウやブドウサンショウ、タカハラサンショウなどがあります。それ以外の各地で栽培されているものを在来種サンショウ、もしくは在来サンショウと呼んでいます。

アサクラサンショウ

　アサクラサンショウが、文献に登場するのは約400年前のことです。慶長16年（1611年）に、生《いく》野《の》奉行の間宮直元が、徳川家康にアサクラサンショウを献上した記録が残されています。また、朝倉村（現・養父《やぶ》市八鹿《ようか》町《ちょう》朝倉）で収穫されたアサクラサンショウは、江戸時代中期の図入り百科事典である『和漢三才図会』に栽培の記録があり、

◆アサクラサンショウ

発祥の地（兵庫県養父市）

アサクラサンショウの果実

出石藩《いずし》から江戸幕府に献上されていたといわれます。江戸時代の昔から知られていたのですが、この名前になったのは昭和初期のことです。植物学者の牧野富太郎博士が、朝倉村のアサクラサンショウの畑地を見学したさいに、枝は無刺《むし》（トゲがない）で大きな果実をつけたサンショウを見て、新種のサンショウであることを確認。アサクラサンショウ（*Z.piperitum* DC forma *inerme*）と命名しました。

芳香の強いアオメ

芽も幼果も赤みが強いアカメ

枝にはトゲがない

もともと、朝倉村で自生していたものを、栽培用として系統選抜してきたもので、昭和50年代ごろから本格的な苗木の生産がはじまりました。このサンショウは、トゲがなく果実は大きく豊産性であることが特徴です。香りも強く、辛味も爽やかで、えぐみも少ないのが、大きな特徴といってよいでしょう。

なお、新梢は青みが強く、葉が厚く、一般にアオメ（青芽）と称されます。在来種サンショウは新梢にトゲがあり、芽も幼果も赤みが強いのでアカメ（赤芽）と呼ばれます。小粒で芳香の劣るアカメより、アオメのほうが芳香が強く、鮮やかな緑色と相まって高級感があり、市場評価の高いものになっています。

ブドウサンショウ

和歌山県は全国でサンショウの収穫量のうち70%を占めていますが、そのなかでも有《あり》田《だ》川《がわ》町《ちょう》は、日本一の生産量を誇っています。有田川町の遠井地区は、標高500~600mに位置し、サンショウの栽培にとって適した風土です。

ブドウサンショウは、天保年間（1830~1844年）、この地区で発見された品種です。和歌山県遠井村（現・有田川町遠井地区）の勘右衛門という者の庭先に、突然変異として生まれたものだといわれています。この歴史から有田川町が、ブドウサンショウの発祥の地といわれています。

ブドウサンショウの枝には、小さいトゲがありますが、樹高が低いために栽培に適しています。その名称どおり、ブドウの房のように、たくさんの果実を実らせ、かつ実も大きく肉厚で豊産性であることが、大きな特徴です。

爽やかな香りで、ウナギの蒲焼き、七味トウガラシなどの香辛料、薬用などに利用します。

発祥の地（和歌山県有田川町）

ブドウサンショウの果実

収穫果は大粒

果実の収穫作業

◆タカハラサンショウ

タカハラサンショウ

北アルプスの懐《ふところ》に位置する奥飛騨温泉郷（岐阜県高山市）は、古くからサンショウの産地として知られてきました。

栽培地（岐阜県高山市）

タカハラサンショウの果実

この地方のサンショウ栽培の歴史は、江戸時代の安永年間（1772～1781年）、高山の知識人・津野滄州が著した『産物狂歌詠』という書物のなかに、タカハラサンショウの記載があります。江戸後期ころの飛騨の産物を調査してまとめた『斐太《ひだ》後《ご》風土記』にも、上宝村《かみたからむら》がサンショウの産地として記載されています。

陰干し後に天日乾燥をする

コンテナの収穫果

飛騨は天領であったために、飛騨の郡代が徳川将軍にサンショウを献上したという記録も残されています。

タカハラサンショウは、奥飛騨温泉郷の高度800ｍ、半径約5㎞の限られた土地で栽培されています。水や気温、適度な霧に恵まれるという風土のため、高い香りのサンショウが収穫できるといわれています。

タカハラサンショウは、アサクラサンショウ、ブドウサンショウと比べると、実が小ぶりで深い緑色をしています。寒冷地産特有の香り、辛さ、舌にピリッとくる「しびれ」があります。このサンショウは、収穫して1～2日陰干ししたのち、天日干しをし、果皮がはじけると、なかから黒い種が出てきます。使うのは果皮だけで、これを粉にして京都や地元の加工所に出荷します。

サンショウの近縁種

サンショウの近縁種には、フユザンショウ（*Zanthoxylum armatum* var. *subtrifoliatum*）、イヌザンショウ（*Zanthoxylum schinifolium*）、カラスザンショウ（*Zanthoxylum ailanthoides*）、さらに沖縄など亜熱帯地方のヒレザンショウ（別名リュウキュウサンショウ *Zanthoxylum beecheyanum*）などがあります。

イヌザンショウの開花

中国で分布の広いのは辛味の強い花椒《ホアジャオ》（*Zanthoxylum simulans*）。あえ物、炒め物に使ったり、花椒油《ホアジャオユ》をつくって料理にたらし、味を引き立たせたりします。

フユザンショウ

フユザンショウは関東以西の日本、沖縄、朝鮮南部、台湾のやや湿った露岩地や、崖に自生している常緑低木です。茎や葉に対生の大きなトゲがあり、果実は表面に金平糖のようなイボ状の突起があります。根は強く、サンショウの種類のなかでも枯れにくいために、台木として使用されます。

カラスザンショウの開花

イヌザンショウ

イヌザンショウは本州から九州、朝鮮、中国に自生しています。葉の形はサンショウに似ていますが、サンショウよりも香りが悪く、トゲが互生になっています。このトゲを見ることで、他のサンショウと簡単に見分けることができます。

カラスザンショウ

カラスザンショウは、本州、四国、九州、朝鮮半島南部、中国、フィリピンなどに自生しています。高さは６～８ｍで、葉は大きく長さが80㎝ほどになります。葉の中軸、茎には大きなトゲがあります。種子は黒色でつやがあり、果実には独特の匂いがあります。

サンショウの花の特徴と形状

花の特徴

サンショウの開花期は地域によって異なりますが、4月下旬から5月上旬ごろで、結果枝（花芽をつけ果実のなる枝）の先に雄株には黄色の雄花が、雌株には黄緑色を帯びた雌花がつきます。

雄花は開花すると5本の長い雄しべをつけ、先端に葯と呼ばれる花粉が入った小粒をつけます。雌花は子房（雌しべの一部で、花柱の下に接して肥大した部分）の上に、2本の花柱をもっています。

花ザンショウは、完全に開花するまでに収穫します。その期間は7～10日くらいしかなく、その時期をのがすと花が開き過ぎてしまいます。

雌株の子房は5月下旬ごろから肥大をはじめ、開花後30～35日くらいの間に実ザンショウを収穫します。収穫の時期が遅れると果実が硬くなるばかりでなく、えぐみが強くなってしまいます。

雌株の開花。花粉交配で結実する

雌花は、雌しべと柱頭のみで雄しべはない

雄花は先端に葯をつける

結果習性

花芽と結果習性

新梢上に花芽がつき、実がつく習性は果樹の種類によって一定化していますが、これらを総称して結果習性といいます。

図2のように、サンショウは結果母枝（果実がなる結果枝を発生させ

図2　サンショウの結果習性

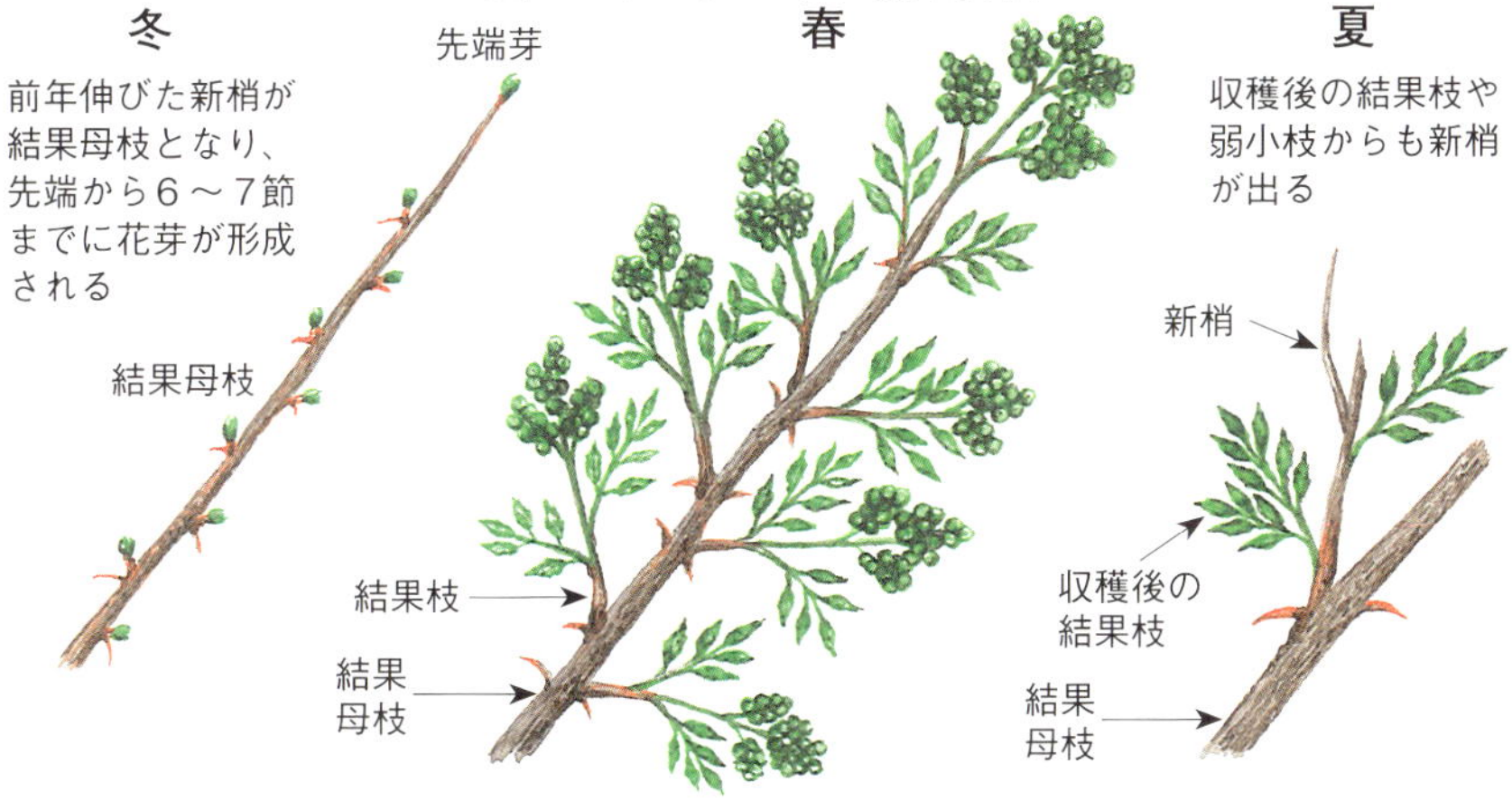

注：「タキイ最前線」（2006 創刊号 内藤一夫）を加工作成

春先の発芽。展葉期を迎える

る枝）の完全芽に花芽が形成され、開花結実します。ただし、前年よく伸長した結果母枝は、先端芽だけ着果しないことが多くなります。

生育条件で花芽の数は変化

生育条件によって開花結実する花芽の数は変わり、込み合った部位の基部の花芽は、ほとんど伸長せずに結実しないか、結実しても房は小さくなります。

果房は新梢が5～10㎝くらい伸びた時点で着果し、枝の伸びは止まりますが、芽の勢いが強い場合は、さらにそこから新梢が伸び出します。

実がつかない理由

昆虫の助けが必要な虫媒花

「花が咲いたのに実がつかないのはなぜ？」と、疑問をもつ人は少なくありません。サンショウは前にも述べたとおり雌雄異株です。花が咲いても実がつかない木は、雄花しかつかない雄株（花ザンショウ）である可能性が高いと思われます。

サンショウは虫媒花で、雌株に結果させるには、雄株の花粉をハチやアブなどの昆虫が運んでくる必要があります。開花期には花にやってきた昆虫をよく見かけますが、花房に袋をかけ、外部から花粉を遮断する

受粉樹となる雄株の開花

と、結実は皆無です。

山野が近くにある園では、自生している雄株からの花粉で交配しているため、通常は結実に問題はありませんが、開花期に低温の日や降雨の日がつづく年には昆虫の活動が鈍く、結実が悪くなる場合があります。

受粉樹の導入

結実を安定させるためには、雄株を受粉樹として10～20％程度植えるか、雄株の穂木を雌株に高接《つ》ぎします。周囲に山林のない平坦地では、受粉樹として雄株を植えるようにします。

果実の特徴と時期別変化

果実肥大と果皮色の変化

サンショウの花が咲いてから、1か月ほどの間に、果実は急速に肥大してきます。果実の大きさは直径5㎜ほどで、表面がざらついた球形です。果実は果梗《かこう》（果実基部の細長い柄）についています。

黄緑色の果粒（アサクラサンショウ）

はじめ、果皮の色は鮮やかな黄緑色ですが、開花後35日を過ぎると果皮の色も暗緑色になります。果実の内部にある種子の色も、開花後25日を過ぎると外皮に覆われた種子が黄色みを帯びはじめ、日にちが経つにつれて黄色の色彩が濃くなってきます。

生果の佃煮用としての収穫適期は、この時期、開花後30日から35日ごろまでの1週間程度です（兵庫県で5月末～6月はじめごろ）。

在来サンショウの果実

図3　実ザンショウの収穫時期別品質変化

収穫日	5/24	5/28	5/31	6/4	6/8	6/12
開花後日数	26	30	33	37	41	45
果実の大きさ		⟷	⟷	⟷	⟷	⟷
種子色		⟷	⟷ 乳白色	⟷	×	×
果実の硬さ	⟷	⟷	⟷	⟷	×	×
収穫適期		⟷	⟷ 収穫適期	⟷		

注：「アサクラサンショウ栽培の手引」（2014 廣田智子原図　兵庫県立農林水産技術総合センター北部農業技術センター）より

果実を収穫

収穫適期の見きわめ

生果の収穫適期の見きわめは、果実を割って内部の種子の色（彩度）で確認します。

熟した果実の果皮が赤色から黒褐色になる（アサクラサンショウ、10月下旬）

種子色が褐色に

収穫適期の種子色

注：「アサクラサンショウ栽培の手引」（廣田智子原図）より

乳白色の種子は、日にちが経つにつれて黄色みが濃くなり、開花後35日を過ぎると、しだいに果実は硬くなり、中身の種子も黒褐色に変化してきます。さらに秋には果実が赤く熟し、果皮（蒴果《さくか》）が裂けて中から黒くなった種子が現れます。

開花後35日以降75日ごろ（兵庫県で6月中旬〜7月中旬ごろ）までの果実は、漬け物用となります。

それ以降（8月下旬ごろまで）は乾果として利用します。乾果は果皮を乾燥させて粉末にし、漢方薬や香辛料（粉山椒）に使われています。

果実が赤く熟し、果皮がはじけて黒い種子が現れる（ブドウサンショウ、10月下旬）

サンショウの葉・枝・根の特徴

葉の特徴（生理・生態）

サンショウの葉は、枝に交互に一枚ずつ生え、5対から9対の小さな羽状葉です。一枚の長さは1cmから3・5cmくらいで、形は卵形か長楕円形をしています。葉の縁には粗い波状の鋸歯《きょし》があり、鋸歯の間には透明な油腺があります。

サンショウの葉を手のひらにのせて、片方の手で叩くと爽やかな香りがするのは、油腺がつぶされるからです。

サンショウの種類によって、葉の形状や大きさはやや異なっています。栽培されているサンショウは、実も大きいのですが小葉も大きいのが特徴です。

フユザンショウの葉は、1〜3対の小葉からなり、葉柄《ようへい》（葉の一部で葉身を茎に付着させる柄）と葉軸に狭い翼が出ます。長さは3〜7cmで、楕円形か狭く長い楕円形で先端がとがっています。葉の縁には対生のトゲがあり、低い波状の鋸歯があります。色は深緑色で、冬になっても枝の上に残るものを多く見かけま

葉形は羽状葉

葉は枝に交互に１枚ずつ生えている

葉色は緑色から黄緑色、黄色へと変化
（前田隆昭原図）

イヌザンショウ

フユザンショウ

す。

　イヌザンショウの葉は、サンショウに似ていますがサンショウとは香りが異なり、よくありません。葉は互生し6～11対の小葉からなっています。小葉の長さは2～4㎝、楕円形か幅の狭い卵形で、波状の低い鋸歯があります。葉の質は厚く表面には細かなしわがあります。

展葉期。結果枝が伸びはじめる

枝の特徴

　山野に自生しているほとんどのサンショウの枝にはトゲがあります。よく似た別種で利用できないイヌザンショウと見分けるポイントはトゲのつき方です。イヌザンショウのトゲは互生といって一つずつ方向を変えながら交互に着生しますが、サンショウは対生といいトゲが二つ対で着生します。

　これらのことから、サンショウの枝にはみんなトゲがあると思い込んでいる人もいますが、サンショウにはトゲのない系統もあります。

在来サンショウの枝のトゲ（対生）

　兵庫県但馬地方が原産のアサクラサンショウは、前に述べたように無刺、つまりトゲがありません。短刺、もしくは長刺のトゲがあるのが一般的です。

枝にはトゲがないアサクラサンショウ

成木の主幹、主枝、亜主枝など

わらなどのマルチをして、根の乾燥を防ぐ

２年生の根。細根がついている

通常、アサクラサンショウとして販売されている苗木は、ヤマザンショウやフユザンショウを台木とし、アサクラサンショウの枝を接ぎ木して育てたものです。

根の特徴

サンショウは、枯れやすい植物として知られています。とくにサンショウの根は浅く、細根は思った以上に細くてもろいです。

排水の悪い環境に弱い反面、乾燥にも弱いという特徴があります。夏場にちょっと水やりを怠っただけで枯れることもあり、苗木を土が軟らかく育ちやすいと思われる場所に植えつけたら、たちまち枯れてしまったというケースもあります。

湿害で枯死。排水不良に弱い（2009 松浦克彦原図）

植物は一般的にいえることですが、実生《みしょう》から育ってくると、自分にとって環境的によいところを根が探して、根を張っていきます。そのような条件下で植えた苗を調べてみると、根は少しでも水気や肥料分が多く、成長していくのに適した環境の場所を探して伸び、またそうでない方向に伸びた根よりも、太くなる傾向があります。

苗木などを買ってきて植えつけると、周囲の土の条件が、その苗によくマッチしていない場合があるので注意が必要です。

サンショウの利用加工・保存食

京の台所のサンショウ

錦小路市場での実ザンショウの量り売り（5月中旬）

京都の錦小路は、京都の中央部に位置する通りで、京の台所と呼ばれています。平安時代には「具足小路」と呼ばれていましたが、勅命で「錦小路」になったといわれています。

錦小路は東西400mほどの長さがあり、通りを挟んで約130軒の飲食店や惣菜屋、鮮魚店、乾物屋、佃煮屋などが並んでいます。

花ザンショウの出回りはほんの一時期

サンショウは、京都府中央に位置する南丹市美山町、綾部市、京都市北部の鞍馬や貴船《きぶね》などでも栽培されていて、古くから京都市民に親しまれてきました。錦小路市場には生果はもとより、それらを加工して販売する佃煮屋が数軒あります。

それらの店では、サンショウの未熟果などを煮たてた佃煮やちりめんじゃことサンショウの実を煮たてたちりめん山椒、またコンブと一緒に煮詰めた昆布山椒などが販売されています。

京都市近郊の栽培地。美山山椒の会世話人・栢下壽さんのサンショウ園（4月下旬）

パック入りの木の芽（東京・新宿）

タケノコの木の芽あえ

店頭に並べられた木の芽（京都・錦小路市場）

実ザンショウ入りウナギ押しずし

春先のころには、サンショウの若葉を摘んだ木の芽や花ザンショウ、実ザンショウなども並んでいます。

これに呼応するかのように、京都では古くからしゅんの味の一つとしてサンショウを食生活にじょうずにとり入れています。

たとえば、京都の名産タケノコと緑鮮やかな木の芽みそであえ、木の芽を添えたタケノコの木の芽あえ。まさに春を告げる食感です。また、すし飯に塩漬けの実ザンショウをまぶして型枠に入れ、ウナギの蒲焼きをのせて押してつくった押しずし。仕上げに粉山椒をふりかけていただくと、サンショウを利かせた滋味深い逸品になります。

なお、料理写真はいずれも地元の人が通う京風居酒屋楽庵（錦小路から徒歩で10分ほど）のご主人橋本祥司さんによるものです。

佃煮とちりめん山椒

サンショウの佃煮には、実の佃煮、花の佃煮、木の芽の佃煮があります。

実ザンショウの佃煮は、サンショウの種子が黒くなる前の6月上・中旬ごろに収穫し、じっくりと煮たて

実ザンショウの佃煮

ちりめん山椒

◆実ザンショウの佃煮づくり

集荷した果実（芦生の里＝京都府南丹市美山町）

まんべんなく塩をかけ、果実になじませる

大鍋に果実を入れ、ゆであげる

花ザンショウの佃煮製品

てつくります。

花ザンショウは5月上旬に雄株に黄色い花が咲いたものですが、この花を煮汁で煮たてたのが花の佃煮です。木の芽の佃煮は、サンショウの若芽が使われます。

また、ちりめん山椒はサンショウを生かした佃煮の定番です。求めるとなると意外に高いものの、酒のあて、ごはんのお供になります。

サンショウの佃煮やちりめん山椒などのつくり方については、第3章で詳しく解説します。

◆粉山椒づくり

粉末赤山椒（風涟堂＝京都市左京区）

粉末青山椒（飛騨山椒）

果実を乾燥（飛騨山椒＝岐阜県高山市）

乾燥後、果実から中の種子を取り除く

ウナギの蒲焼きを引き立てる粉山椒。うなぎ亭友栄（神奈川県小田原市）のように粉山椒が足りなくなりしだい、そのつどサンショウ産地で冷凍保存の果実をすってもらって取り寄せ、粉末青山椒として卓上に常備するところもある

杵と石臼で粉にし、震動機にかけて製品化

粉山椒いろいろ

ウナギの蒲焼きなどを食べるときに、欠かせないのが粉山椒です。粉山椒は青いうちに収穫したり、硬くなった果実をそのまま秋まで待ち、赤く色づいたところで収穫したりしてつくります。収穫した果実は天日で乾燥させ、軸と種を取り除いた果皮だけにえり分けます。

もちろん粉山椒は着色料、保存料を使っていませんが、産地や加工場によっては粉山椒の色合いによって粉末青山椒、粉末赤山椒と呼称するところもあります。

家庭では、外皮をフライパンで軽くから炒りしてからすり鉢に入れ、すりこ木でしっかりとすり、茶こしなどで濾せば粉山椒ができます。

第2章

サンショウの導入・栽培・収穫

収穫したばかりのサンショウ果実

果樹としてのサンショウの特性

サンショウは枯死しやすい

兵庫県但馬地域ではサンショウの樹の下で歌ったり、笑ったりすると樹が枯れる、という言い伝えがあります。真偽のほどはともかく、実際にサンショウを植えても2～3年で枯死することがよくあります。その理由として、次のような原因が考えられます。

根が浅い

土壌の条件にもよりますが、根の多くが深さ20㎝程度まで分布し、また、前述のように細根はもろいので根が傷みやすくなっています。

言い伝えのような話ができあがる理由でもあります。サンショウの樹の下に入って、根を踏んで傷めることを戒めたものともいわれています。

排水不良に弱い

排水のよい土壌では、よく生育しますが、地下水位の高い場所では枯死しやすくなります。

したがって、サンショウは酸素をかなり必要としている植物であることが考えられます。実験ではフユザンショウのほうが、従来のヤマザンショウより湿害に強く、強健であることが明らかになっています。現在では、フユザンショウを台木にした苗木の生産がおこなわれています。

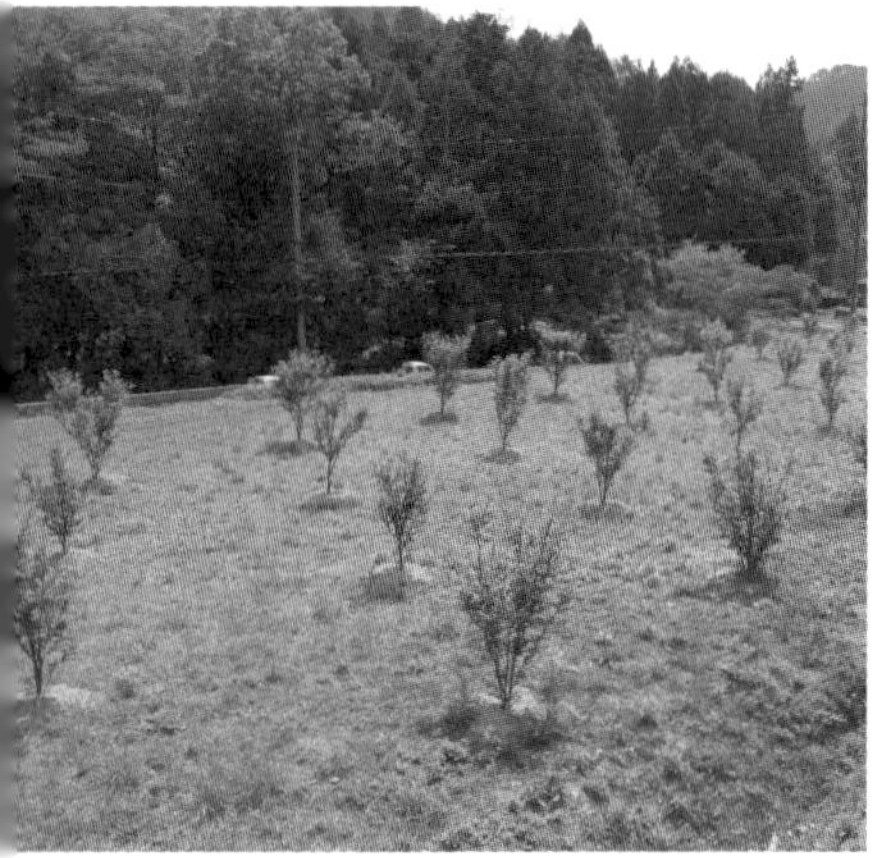
植えつけて３年目の園地

乾燥にも注意が必要

サンショウは湿害に弱いのですが、それに比べると乾燥には比較的強い植物です。それでも夏季には株まわりにマルチ（畝など地面をポリフィルム、わらなどで被覆）をおこない、乾燥し過ぎないようにしま

株まわりにわらのマルチをして乾燥を防ぐ

す。干害を受けると、葉が焼けたり早期に葉が落ちたりします。梅雨明けしてから1週間から10日くらい雨が降らないようなら、適度に水を与えなければなりません。

日当たりがよいほど高収量

サンショウは日がよく当たる場所よりも、半日陰のほうが樹の寿命は長くなるといわれています。他の果樹と違って、日陰でも実はなりますが、樹形が理想的な形ではなく、ひょろひょろと伸びたような形になりやすいのも確かです。

手入れの行き届いたサンショウ園の列植

周辺の山林に自生しているサンショウは、比較的低日照の場所でも見受けられますが、株の生育は良好とはいえません。サンショウの実の収量を考慮するなら、日当たりのよい場所で栽培したほうが、高収量につながる傾向にあります。

いや地ができやすい

サンショウは連作を嫌います。サンショウを枯死した跡にサンショウを補植しても、また枯れたり、正常な発育をしなかったりすることが多いものです。この現象を「いや地」といいます。

その原因はさまざまで、モモなど他の果樹では紋羽《もんぱ》病などの土壌病害、線虫などの発生、生育を阻害する物質の蓄積などがいわれていますが、サンショウでは明らかな原因は不明です。

しかし、もともとサンショウの根は非常にデリケートなものですから、生育を阻害する条件が大きく変わらないかぎりは、その場でサンショウを育てるのはむずかしいと考えられます。

したがってサンショウを植えつける場合、サンショウが植えられていた場所ではなく、他の場所に植えるか、同じ場所に植えつけるにしても、なるべく植え穴をずらすようにします。もし、同じ場所に植えざるをえないような場合はていねいに抜根し、排水や土壌条件を改善してから植えつけるようにしましょう。

サンショウ栽培に適した条件

気象条件

気温

サンショウはミカン科の植物ですが、日本あるいは東アジアが原産であり、他のミカン科の果樹より温帯地域に適した果樹です。主な産地は和歌山県や兵庫県、鳥取県など西日本に多く、温暖な地域に適した作物です。東北地方や積雪地帯でも栽培可能ですが、気温がマイナス15℃以下になるような土地では成木でも枯れることがあるので、枯死を防ぐために防寒対策をしなければならないことがあります（**表1**）。

寒冷地では防寒対策が必要

また、発芽直後に霜の害を受けて新芽が枯死することがあるので、常に遅霜の危険がある地域は栽培に適しません。それ以外の地域でもまわりより低い盆地状の場所、谷筋や谷の出口付近で霜の通り道になりやすい場所、地域のなかでもよく晩霜があり、野菜などがよく枯れるという場所は避けたほうがよいでしょう。

サンショウの理想的な適地を整理すると、年間の平均気温が14℃以上で、12～2月の冬の時期には、最低平均気温が0℃以下にならない場所が適しているといえます。

日照条件

サンショウは、半日陰のほうが、樹の寿命は延びるといわれていますが、日当たりがよいほど生産は上がります。晴天日数が多いと、新梢の発育がよくなり、花芽の分化も進むからです。ただし、西日が強い場所はむいていないとされています。

降水量

サンショウの主産地の年間降雨量は、1000～2000㎜とかなり幅がありますが、生育期間中の雨量は、少ないほうが適しています。

とくに開花期間中に雨が降ると受粉結実を妨げ、結実不良になります。さらに、収穫期に雨が降ると、果実の色などが損なわれて、日持ちが低下する原因ともなります。

土壌条件

サンショウの根は浅いといわれています。それでも深さ50㎝くらいまでは細根があるので、耕土（作物の根が伸びて広がる土壌の最上部）は、なるべく深く掘り下げます。

　サンショウは山谷の傾斜地に広く自生しています。そのような環境からも、水はけがよい場所が適していることがわかります。土壌が粘土質の場合や、とくにその場所が以前、水田であったような場所では、排水不良のために枯れることがあります。

　土壌が粘土質で排水が悪いようなら、速やかに排水できるようにしましょう。そのためには、高畝にしたり水路をつくり、根のまわりに水がたまらないようにします。

　土壌のpHは5〜6・5くらいの弱酸性が適していますが、自生しているサンショウはpH4・5以下でも自生しているので、それほど厳密にこだわる必要はありません。

表1　サンショウ栽培適地の目安

項　目	摘　要
気象条件	年平均気温14〜15.5℃。最低気温9〜11.5℃。最高気温30〜35℃。年平均降雨量1600〜1800㎜
地形	平坦地、台地、傾斜地、日照期間
土地の種類別	水田、畑、山麓、原野（畑と山麓がよい）
土性別	花崗岩土壌が最適。砂質壌土またはれき質壌土
地下水位	90㎝以下であること
肥沃度	腐植含有が多いこと
前の作物	茶、クワ、柑橘類が栽培されていなかったところ
新しい土地か古い土地か	新開地か既成地か。新開地のほうがよい
栽培圃場の近くに河川や池、湖の有無	河川の有無は霜害と関係ある（水蒸気）

注：「タキイ最前線」（2012 夏号 内藤一夫）を加工作成

開花期の低温による結実不良

霜害による褐変

年間の生育サイクルと栽培暦

萌芽・展葉期

萌芽とは芽がもえ出ることで、やがて葉が開いてくる時期のことです。サンショウでは、3月中旬〜4月中旬くらいの期間です。もちろん、地域や年により、芽が出る時期は違ってきますが、この時期に発生する芽の状態で、樹勢を見わけます（図4）。

きれいな若芽がそろって出るのであれば、樹勢に問題はありません。しかし、樹に勢いがないと萌芽が欠けたり、ひどいとまったく萌芽しない場合もあります。

芽の状態で樹勢を見わけることができる

健全な樹勢だと、いっせいに若芽が発生

開花・結実期

サンショウの開花期は、4月〜5月初旬ごろです。結果する枝の先端に雌雄ともに花をつけ、5月中旬から下旬にかけて結実します。

ただし、前年によく伸長した結果母枝は、先端の芽だけ着果しないことがよくあります。

結果する枝の先端に雌花をつける

図4　サンショウの年間の生育と主な作業

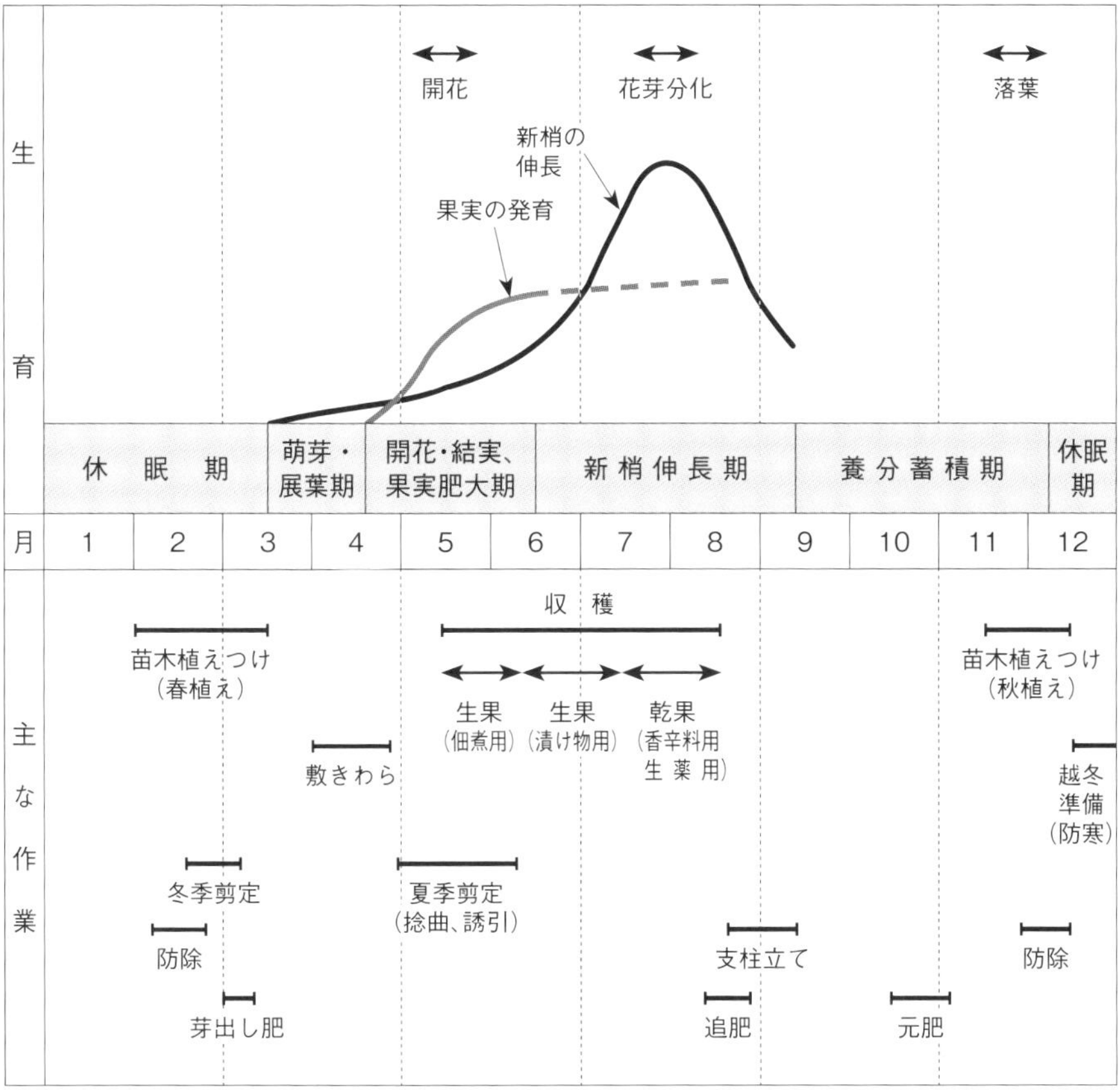

注：『農業技術大系　野菜編 11』（1988 内藤一夫 農文協）をもとに加工作成

結実が肥大。いよいよ収穫期を迎える

果実肥大期

5月中旬のころから、雌花の子房（花柱の下に接して肥大した部分）がふくらみはじめます。これが果実肥大期で、6月中旬ごろまでふくらみ、内部の種子が黒く変色するころに肥大は止まります。この時期を過ぎても収穫しないと、実が硬くなるばかりではなく、辛味やえぐみも強くなります。

先にも紹介しましたが、花が咲いてから30～35日の間が収穫適期になります。

新梢伸長期

新梢とは、今年伸びた枝のことで「当年枝」とも呼ばれます。果実の収穫が終わったのち、6月ごろから急激に伸びはじめ、9月ごろまでつづきます。

一番伸長する時期は7~8月で、この時期の伸び方で樹勢の善し悪しが判断できます。また、肥料が多過ぎると秋芽（2次伸長）が出てくることがあります。秋芽は霜害に弱いのでよくありません。

肥料過多で秋芽が発生

果実から種子がはじける

養分蓄積期

養分を蓄積する時期は、新梢の伸びが止まった9月から落葉期に入る10月ごろまでです。この時期は枝葉の伸長がない分、葉でつくられた同化養分は樹体内部に蓄積され、翌春の枝葉の成長や開花結実に使われます。蓄積した養分の多少により、翌年の新梢の伸びや、開花結実が左右されます。

落葉期に入った園地

休眠期

休眠期は、落葉する11月ごろから翌年の3月上・中旬ごろまでつづきます。12月上旬ごろに、根元に麦わらなどで防寒し、越冬準備をすませます。

冬季の病害虫防除は年内、もしくは2月下旬ごろからおこないます。

2月半ばごろから樹体内部は、春にむけて少しずつ動き出します。早く動いた芽は凍霜害に弱くなるため、剪定は他の落葉果樹より遅めの2月下旬から3月上旬にかけておこないます。

サンショウ樹の一生と成長段階

樹齢と成長段階

一般的にサンショウは、植えつけてから、約6年間くらいの幼木期を経て成木になるといわれています。

これを細分化すると、1～3年目が育成期、4～6年目が結果初期、7～13年目が結果最盛期、14年目以降が結果衰退期になります**(図5)**。土壌条件がサンショウによく合っていれば、樹によっては、さらに30年、場合によっては50年も生きる樹があります。

寿命が長くなるか、短いかは台木の種類によって左右され、台木に強健なフユザンショウが用いられているサンショウは、寿命が長くなるといわれています。また、植えつけ後の、1～3年間の生育期の樹づくりがよいか悪いかにより、かなり寿命の長さが左右されるといわれています。

さらに、毎年、剪定をおこない、結果の量を抑えることで「成りづかれ」しないようにすることでも、寿命を長くもたせることができます。

幼木・若木の特徴

一般的に植えつけ後1～6年間を幼木期・若木期といいます。この期間のなかで、1～3年間の幼木のころが育成期にあたります。この期間は成長がいちじるしく樹冠が拡大し、樹形が完成する時期にあたります。

しかし、この時期は樹が枯れるこ

植えつけ１年目の園地

植えつけ２年目の樹姿

３年目には樹冠が拡大

図5　サンショウの一生と生育の時期区分

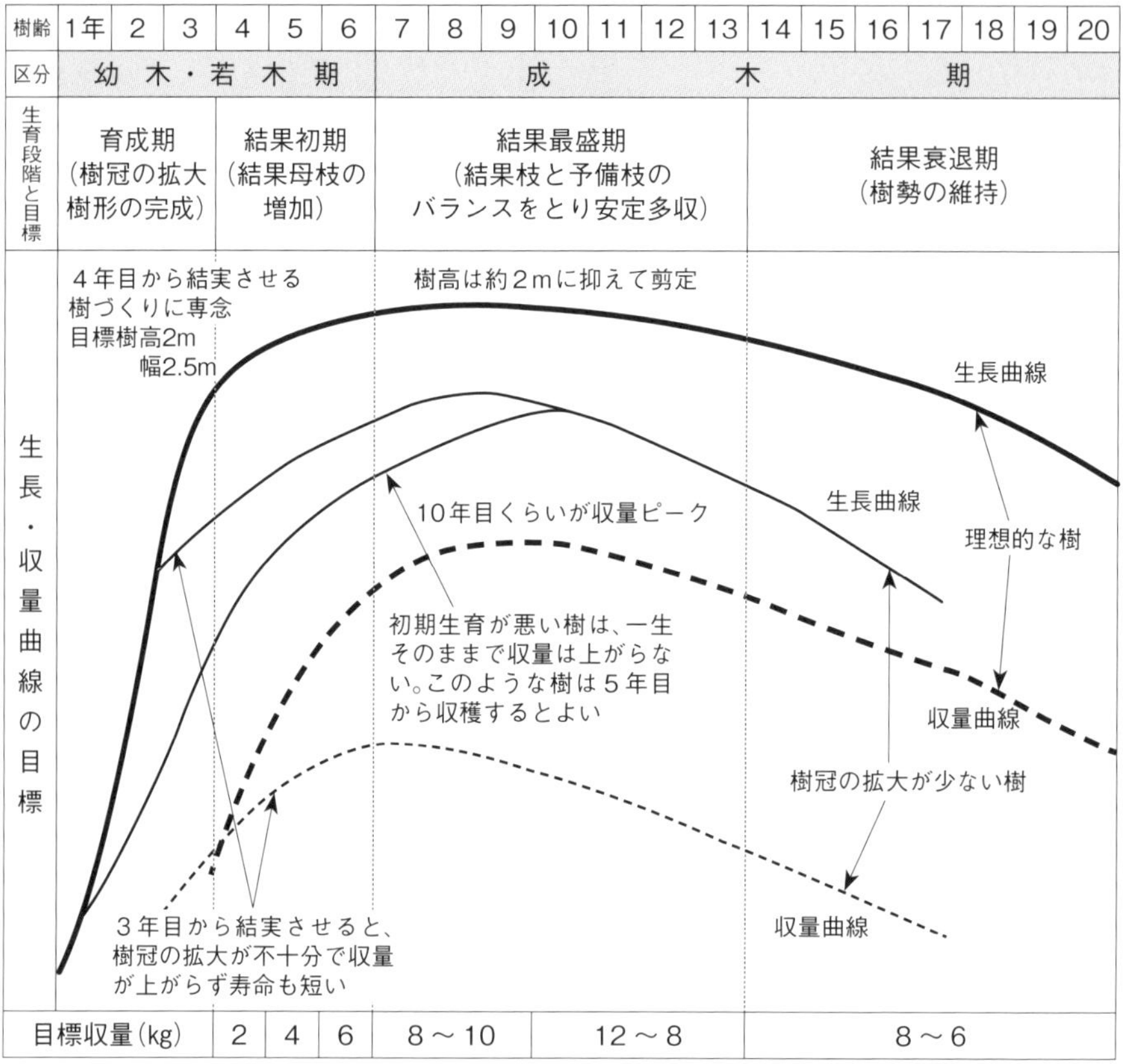

注：『農業技術大系　野菜編 11』（1988 内藤一夫 農文協）より

とも多いので、細心の注意をはらって、枯らさないように気を配る必要があります。

サンショウが健全な状態で生育するか否かは、この3年間の育成にかかってきます。夏場の乾燥に注意し、必要であれば、株の周囲にマルチを施して乾燥防止などにつとめましょう。

植えつけ後、4年目から6年目までの若木期のころを結果初期ともいいます。サンショウは3年目から結実します。

経済栽培の場合、この年に実をならせると樹が弱るので全部、摘蕾《てきらい》し、樹づくりにつとめます。実を収穫するのは4年目からですが、徐々に結果母枝が増えていきます。それに従って、実の収量も増えていきますが、すべての結果母枝に結実させると樹が弱り、翌年、収量が極端に落ちてしまいます。したがって、新しく伸長した枝の半分くらいは間引き剪定したり、春に摘蕾をして、結果母枝が弱らないようにする必要があります。

一方、家庭で楽しむ場合には3年目から結実させてもよいのですが、樹勢を低下させないために、やはり無理な結実は避け、摘蕾や剪定で着果を制限します。結実させておく期間によっても樹勢に影響がありますから、なるべく佃煮用の生果で早めに収穫するように心がけます。

結果最盛期の成木

成木・老木の特徴

7年目を過ぎると成木期に入り、7年目から13年目くらいを結果最盛期ともいいます。7年目を過ぎると、実の収量も安定し樹勢が強くなります。

この時期は、結果枝の数を制限しながら管理します。整枝・剪定で隔年結果を防止したり、肥料を管理し病気や害虫の防除を徹底することによって、樹勢の低下を防ぎます。

樹勢が衰えはじめる老木

この時期の生育状況により、その樹が一生の間に収穫できる実の収量が決まる、といっても過言ではありません。

結果最盛期を過ぎ、植えつけ後14年目くらいから老木となり、結果衰退期に入って、実の収量も落ちてきます。房も小さくなり、実の粒の色も悪くなってきます。この時期に入ったら、樹を少しでも長持ちさせるためにも、切り返し剪定をおこない、樹勢の回復をはかるようにします。また、土づくりや施肥をしっかりおこないます。

樹勢が衰えてくると病気や害虫にも弱くなるので、防害虫防除にも気を配りましょう。防害虫防除は冬の休眠中や生育期間中におこないますが、登録のある農薬を使用期間、回数をよく守って使用しましょう。

苗木の種類と選び方の基本

苗木の種類と出回り時期

現在、市販されているサンショウの苗木は接ぎ木苗、もしくは挿し木苗です。接ぎ木苗の台木は、ヤマザンショウ（野生のサンショウ）やイヌザンショウ、フユザンショウを台木に使用し、アサクラサンショウやブドウサンショウなど、優秀な系統を穂木として接ぎ木しています。

フユザンショウは入手しづらいのと、種子の発芽が悪く、やや繁殖が難しいこともあってヤマザンショウやイヌザンショウが多く使われてきました。しかし、フユザンショウは他の台木より湿害に強く、枯れにくい苗木をつくることができるため、近年ではフユザンショウを台木とする苗木が増えてきています。

主産地の苗木園（兵庫県養父市）

ブランド名の管理タグをつけた生産部会の苗木（JAたじま）

アサクラサンショウは枝にトゲがなく、佃煮用として品質良好な生果がたくさんとれます。一方、ブドウサンショウはブドウの房のように大房で多収です。生果から乾果まで、幅広い用途に適しています。

苗木の善し悪しの判断は、結実するまでむずかしい面もありますが、収量を左右するので苗木がどこで生産されているかを調べ、信頼できる産地や業者を確認して購入するとよいでしょう（**表2、図6**）。

サンショウは、秋に植えつけたほうがよいといわれます。秋に植えつけたほうが根の張りが良好で、その結果として生育がよいといわれているからです。したがって、園芸店やホームセンターなどに苗木が出はじめるのも秋に多くなります。

しかし、かならずしも秋に植えな

図6　収量の構成要素

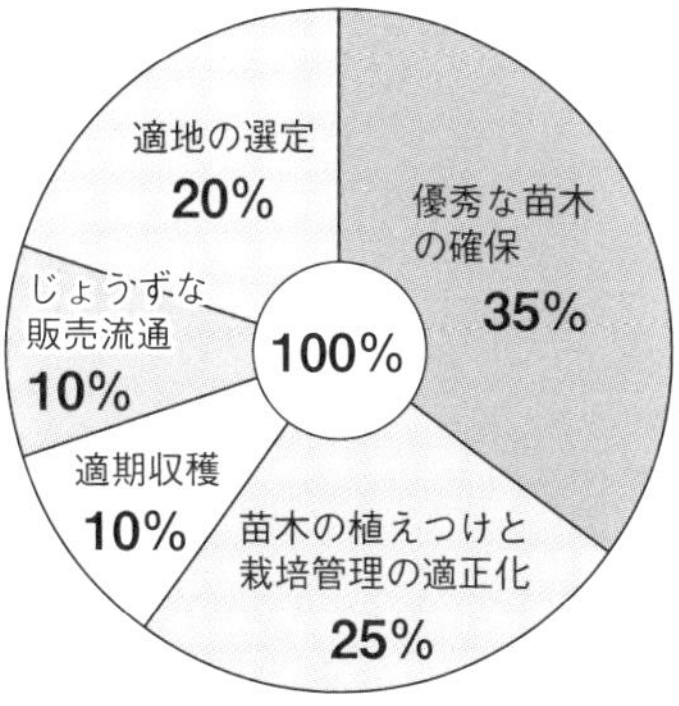

注：「タキイ最前線」(2012 夏号 内藤一夫) より

表２　苗木の等級と収量の例

１房粒数	苗木の等級	1本当たり成木収量 (kg)	10a当たり成木収量 (kg)	摘　要
150	特上	15	3.0	一般的には確保困難である
120	特	12	2.4	一般的には確保しにくい
90	上	9	1.8	果樹苗木専門店で確保できる
60	中	6	1.2	果樹苗木専門店で確保できる
30	下	3	0.6	一般の苗木店で確保できる

注：①成木は植えつけ後、７～８年になるものをいう
②「タキイ最前線」(2012 夏号 内藤一夫) を加工作成

ければならないということはありません。雪が降るような地方では、雪解けを待ち春になってから植えつける場合もあります。

苗木の選び方

販売されている苗木の多くは、接ぎ木をして1年のものです。なかには売れ残った苗を、2年生苗として売っているケースもあるようです。大きく育っているからといって、かならずしもよい苗とはかぎりません。

プロでないかぎり、苗木の善し悪しを見分けるのはむずかしいものがあります。一般論でいうなら、見た感じでひょろひょろしたものではなく、強健な感じのする苗がよいものです。さらにしっかりと根が張っていれば、よい苗といえます。

大きな苗のほうが育ちやすいのは確かですが、あまり伸びたような苗だとかならず副梢（わき芽）が枝分かれして出てきます。したがって、伸びれば伸びるほどよいというものではなく、副梢がない苗のほうがよい苗といえます。

２年生の裸苗

苗木園の１年生苗

植えつけ準備と植えつけ方

植えつけ場所

サンショウの苗木を入手したら、どのような場所に植えつけるのがよいのでしょうか。先にも紹介しましたが、排水のよい土壌や場所を選ぶようにします。

サンショウは連作を嫌う植物です。前にも述べましたが以前、サンショウが植えられていたような場所は避けなければなりません。また、柑橘系の果樹の跡地も避けたいところです。

サンショウの経済栽培をする場合、植えつける予定地が決まっていれば、2~3年前から圃場《ほじょう》の準備をしておきます。圃場の周囲に排水溝を整備したりしますが、水はけのよい土壌で1~2本植える程度ならば、そこまで神経質になる必要はありません。

また、植えつける場所が、もと桑園の跡地のような場合は、紋羽病の感染が心配されるので避けたほうがよいでしょう。

準備する資材

一般的な果樹もそうですが、とくに根が弱いサンショウは、いったん植えつけると植え穴周辺を掘り起こすような土壌改良ができません。苗木を植えつける前に、植え穴の土壌改良をおこなう資材を投入します。おおよその目安ですが、直径1m、深さ40~50cm程度の植え穴に対し、完熟堆肥20kg、溶リン、苦土石灰を各200g程度準備します。やせた土壌では油粕を200~300g程度、加えてもよいでしょう。なお、堆肥として木の枝などの粗大有機物を入れる場合、入れすぎると紋羽病の発生源となるので注意が必要です。

植えつけ間隔

大規模な栽培で圃場などに何本も植えつける場合には、3mの間隔で千鳥の足跡にように植える「千鳥植え」や正方形に植える「並木植え」を基本に植栽します。

肥沃な土地であれば、やや間隔を広めにし、やせた土壌ではやや狭く植えつけます。また、圃場が斜面ならば、同じ標高で並ぶように植えつ

図７　サンショウの植えつけ方

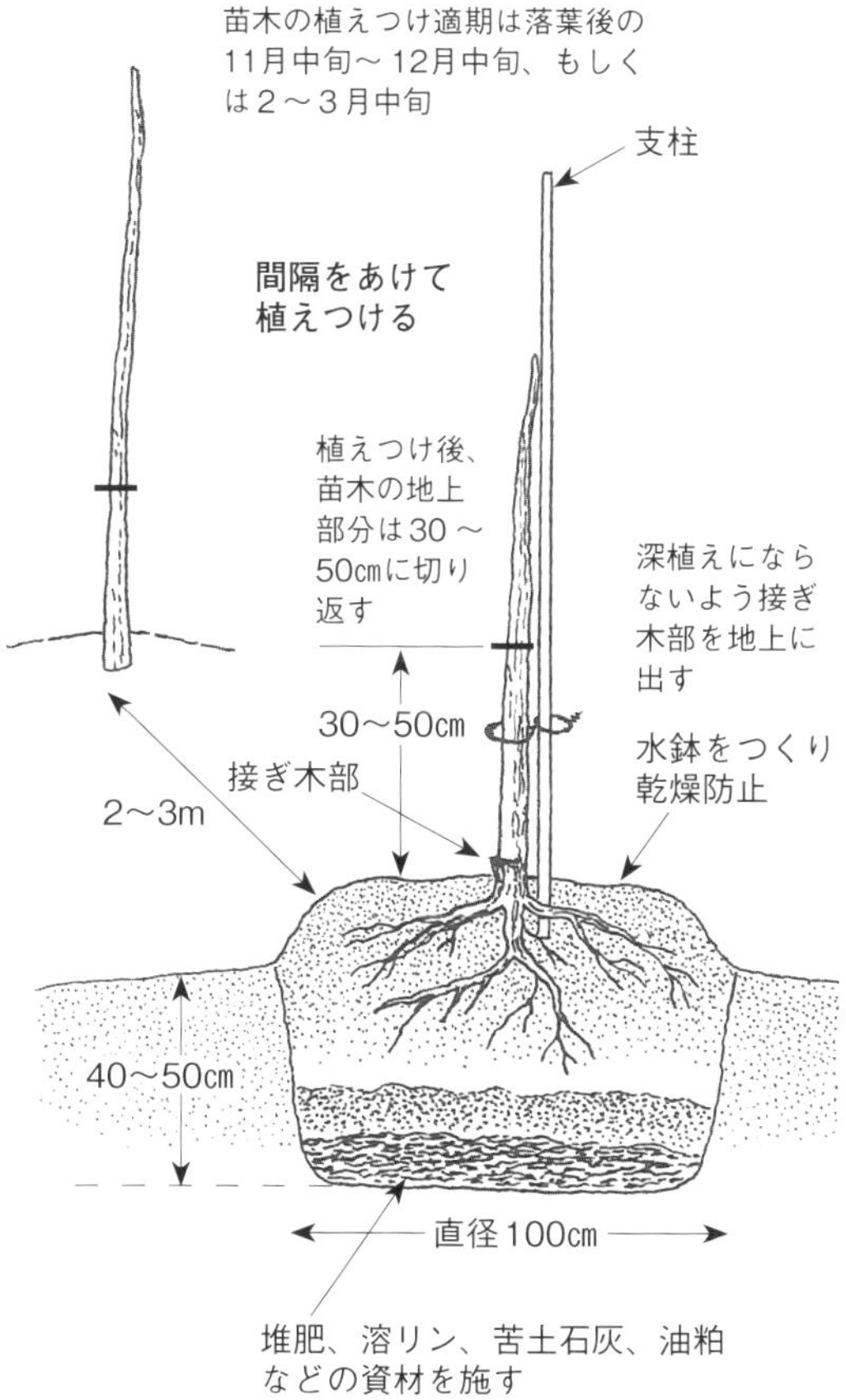
苗木の植えつけ適期は落葉後の
11月中旬～12月中旬、もしく
は２～３月中旬
支柱
間隔をあけて
植えつける
植えつけ後、
苗木の地上
部分は30～
50cmに切り
返す
深植えになら
ないよう接ぎ
木部を地上に
出す
30～50cm
水鉢をつくり
乾燥防止
接ぎ木部
2～3m
40～50cm
直径100cm
堆肥、溶リン、苦土石灰、油粕
などの資材を施す

並木植え。いずも八山椒（島根県雲南市）の新興大規模サンショウ園

けます。植えつける場所が決まったら、目印として割り竹などを立てておきます。

植えつけ時期と手順

植えつけ時期

サンショウの植えつけには、秋植えと春植えがあります。どちらかといえば、暖地では霜が降りてからの秋植えのほうが根の張りがよく、後々の生育が順調です。しかし苗木の入手時期とのかねあいで春植えでもとくに問題はありません。

植えつけ手順

①植えつけ（図７）にあたっては、春から秋にかけて中耕（表土を浅く耕す）します。

②落葉後の11月中旬～12月中旬（もしくは2～3月中旬）にかけて土壌が乾燥しているときを選んで、植え穴を掘ります。

植え穴は直径１００cm、深さ40～50cmを基準にします。植え場所が水田のような場所ならば、水はけを促すために、かならず鋤床層《すきどこ》（圧密された土層）を破るようにします。

③植え穴を掘ったら、掘り上げた土に前述の堆肥20kg、溶リン２００

g、苦土石灰200g、油粕200gなどの資材をスコップで混ぜ、半分ほど埋め戻して踏み固めます。

④表土に再度、堆肥や土づくり資材、それに掘り上げた土をまき、スコップで混ぜ、マウンド型（やや隆起した姿）に整えます。

⑤マウンド型に盛った上に穴を開け、植える苗の根を四方に広げ、苗をおさめたら少しずつ土をかぶせながら、根の周辺に空間ができないように、苗を軽く上下に動かしながら、さらに土をかぶせ、軽く踏んでおきます。

ポット苗の場合は、根鉢ができているので、土を軽くほぐしてから植えつけるようにします。

⑥苗を植えつけたら埋め戻しますが、乾燥を防ぐためにマウンドの上をややへこませ、水鉢をつくります。サンショウの根は浅いので、倒れないように支柱を立てて苗を紐で結束します。そのさいに苗が太る余裕をもたせ、紐は8の字状に誘引します。

植えつけの深さと水やり

苗を植えつける深さは、苗を養成していたときのラインにします。もちろん、接ぎ木部分は地上に出しておきます。植え終わったら苗の周囲にたっぷりと水を与えます。

植えつけたばかりのころは、根と根の間にすき間ができます。するといつまでも根が土になじまないので、なじませるためにもたっぷりと水を与えます。また、植えつけ後はマウンド部分を強く踏みつけないように注意します。

植えつけ後の留意点

植えつけ後、苗の地上部分は30～50㎝の高さに切り返します（切り返しは植えつけ前でもよい）。なお、霜害による枯れ込みを防止するため、秋植えならば3月下旬ごろに切り返してもよいでしょう。

秋植えのときには、苗にわらを巻いて防寒します。暖地では新聞を巻いておくくらいでも大丈夫ですが、サンショウは霜に弱いので、霜が降りるような地域では、より分厚くわらで囲ったりコモで巻いたりして対策を立てます。ある程度、空気を含んで放射冷却を防いでくれるような資材なら、なんでも応用できます。

霜が降りる心配がなくなる5月ごろになったら、根元に防草シートを敷いて、乾燥と雑草が生えるのを防ぎます。サンショウは根が浅いので、草は刈って取り除き、除草剤の使用は控えましょう。

◆植えつけのポイント

1　植え穴を掘る（射場征一さん＝大阪府箕面市）

2　根を広げ、ひげ根を切除する

3　上部を切断し、株元から30～50㎝の高さにする

4　苗木の根を広げ、中央部に固定して土を埋める

5　接ぎ木部が地表面に出るように土をかぶせる

6　すき間ができないように足で軽く踏む

7　植えつけ終了

防寒対策でわらを敷く

苗木にも直接わらを巻いておくと万全

樹の仕立て方と整枝・剪定

剪定の目的と時期

サンショウの整枝・剪定は、高品質の大房果を収穫するために、欠かせない作業です。

結果する母枝の芽には、かなりの数の花芽がつきます。これを無剪定で放置すると、実がなり過ぎて樹勢が衰えます。また、剪定せずに放置すると、房の数は多くなりますが、大きな房が少なく、収穫に手間がかかるわりに収量が得られません。

剪定にさいしては、結果習性と樹の特性をよく理解して取り組む必要がありますが、その目的を整理しておきましょう。

①樹形を整え、枝を均等に配することで、樹冠全体にまんべんなく日が当たるようにします。

②花芽を減らし、着果数を減らすことで、残った花芽に大きい房と果実を着果させます。

③隔年結果を防止し、毎年、安定して収穫できるようにします。

④病害虫の発生を軽減します。

剪定の時期は、早くても3月上旬、通常は発芽直前の3月中・下旬とします。サンショウは、切り口の癒合が悪いので、真冬の寒い時期に剪定すると、切り口から枯れやすくなります。また、早い時期に剪定するほど、残した先端部の芽が動きやすく、霜害を受けやすくなります。

樹形と仕立て方

サンショウの産地では、剪定をすると樹が枯れる、というイメージを強くもっている地域があります。

しかし、植えつけたままで放置すると、大きくなりすぎ、そこで一挙に剪定すると枯れることがあります。さらに剪定をしないと、新梢は10～20㎝くらいしか伸びず、やたらに枝数の多い樹形になります。枝数は多くなりますが、収量は少なくなるため、作業効率が悪くなり、生産性も低くなります。

整枝・剪定をして整えた樹形には、開心自然形や変則主幹形などがあります（**図8**）。開心自然形は、3～4本の主枝を開張気味に仕立てる形です。変則主幹形は、芯になる主幹をまっすぐ1本立てたうえで、

図8　主な樹形

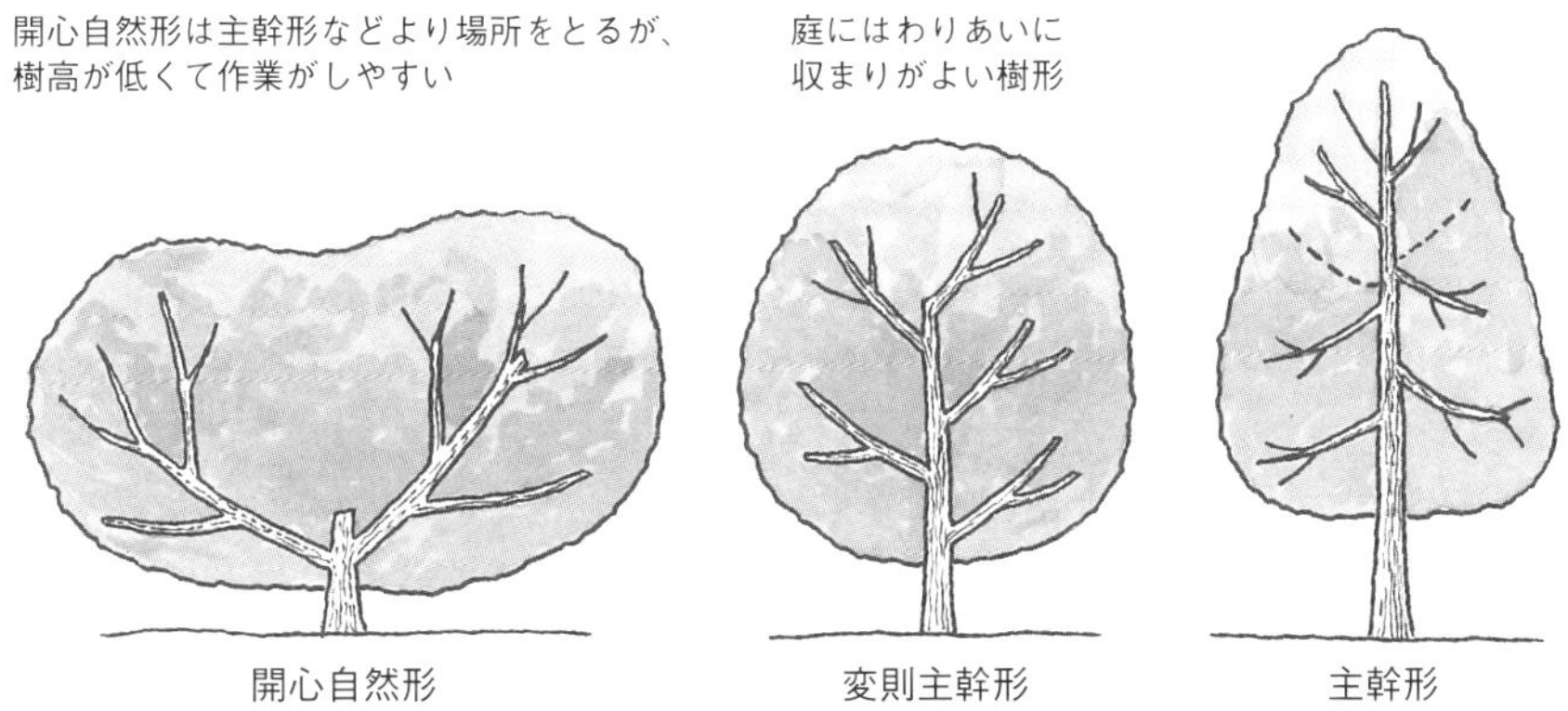
開心自然形は主幹形などより場所をとるが、
樹高が低くて作業がしやすい
庭にはわりあいに
収まりがよい樹形
開心自然形
変則主幹形
主幹形

開心自然形と同じように3～4本くらいの主枝を配置した形です。

仕立てる場合は、のちのちの作業を考え、背の高さはどちらも2mか、樹勢が強い樹でも2・5mくらいに抑え、なるべく樹高が低くなるように仕立てます。

整枝・剪定により実の収量は、どちらの樹形でも同じくらいですが、変則主幹形は、主幹部の実を収穫する際に脚立を入れる必要があるために、作業性は開心自然形のほうが優れています。サンショウは果樹のなかでは、それほど徒長枝が多く出る樹種ではなく、収穫時の作業性もよいので、できれば開心自然形のほうがよいでしょう。

左前が開心自然形、右前が主幹形

幼木期・若木期の剪定

サンショウの幼木期は、植えつけてから1～2年の時期のことです。

植えつけ1年目

この時期の剪定は、方向が均等になるように、1株当たり4本くらい枝を残し、他の枝は基部から間引くようにします。残した枝は、先端から3分の1～4分の1ほど切り返します（図9）。切り返した位置の直下の芽は、外または横向きの芽にします。これは植栽してから、1年目以降も同様です。

立ち気味の主枝は、支柱などで横に広げて誘引します。花芽が枝にある場合は、新梢の伸長を促進するために、花が確認できた時点で、早めに摘花します。

植えつけ2年目

2年目は内側に向いた枝や、弱々しい小枝は基部から間引き、主枝の延長枝は先端から3分の1くらい切り返し、枝上の房は摘果します。切り返さない新梢には着果させてもかまいませんが、樹勢が弱い樹の場合は、さらに1年間着果させず樹勢を維持するようにします。

若木の剪定

植えつけてから3〜5年目の若木は、主枝となる枝を早めに決め、競合するような枝は早めに間引きます。これが遅れてタコ足のような樹姿（車枝）になると、やがて主枝近くの部位に枝がなくなり、生産効率の悪い樹になります。

逆に亜主枝は、早めに決めても主枝と競合するし、すぐ隣の主枝と交差するおそれもあります。結局、放置できずに切り落とすと切り口が大きくなり、樹に与えるダメージも大きくなります。

亜主枝は最低でも、主幹から50㎝以上は離すか、すべて暫定亜主枝として、必要以上に太くしないようにします。枝が発生している部位の太さに対して、その枝の太さが3〜4割くらいまで太くなれば切るようにします。

主枝の延長枝は、やはり先端から3分の1くらい切り返します。主枝の背面から発生した枝は基部から間引き、主枝の側面か斜め下から出ている枝を伸ばします。枝が交差したり込んでいたりする部位や、樹冠内部の弱小枝は基部から間引きます。

図9　幼木の剪定

〈植えつけ１年目〉

時期：３月下旬
方法：新梢の先端部から1/3 〜 1/4程度切り返す
１樹当たり４本程度の新梢を残す（その他の弱い新梢は元から切り取る）

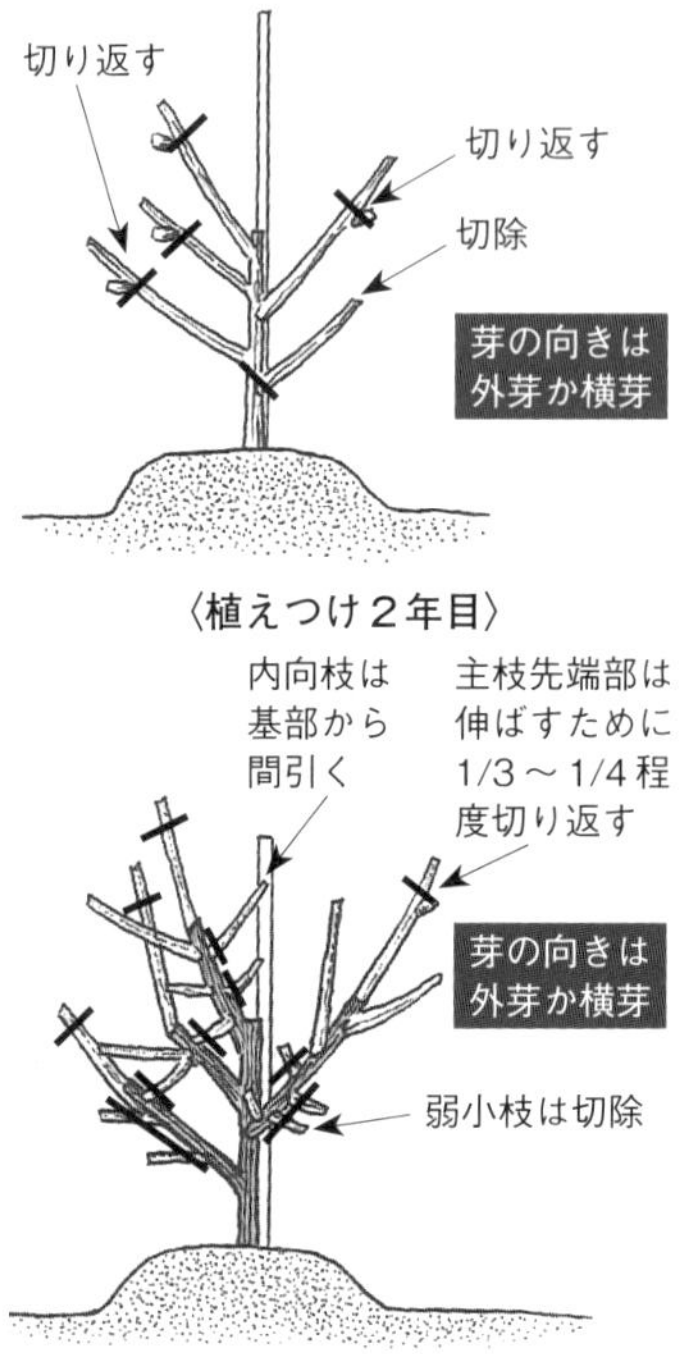
切り返す
切り返す
切除
芽の向きは
外芽か横芽
〈植えつけ２年目〉
内向枝は
基部から
間引く
主枝先端部は
伸ばすために
1/3 〜 1/4程
度切り返す
芽の向きは
外芽か横芽
弱小枝は切除

成木期の剪定

成木期の剪定ポイントです。

●枝の配置が均等になるように、不要な比較的太い枝を基部から切除します。

●樹高をなるべく低く保つために、主枝先端を更新します。

●内向きに伸びた枝や、交差している枝は間引きます。

●骨格になる主枝の先端は強く切り返し、着果させません。

●主枝の先端部から基部に向かっての剪定は、まず先端部を頂点として二等辺三角形をつくります。その範囲内からはみ出る枝や、三角形の形を崩すような枝は間引きます。

●30cm以上の結果母枝は、先端を

表3　結果母枝の切り返し強度と結実への影響

試験区	母枝長[z]（cm）	新梢基部径（mm）	発芽数（枝/芽）	房数（房/枝）	平均粒数（個/房）	全重（g）	100粒重（g）
無処理	41.4a[y]	7.9a	13.5a	11.3a	45.3a	29.7a	5.12b
1/3切り返し	32.5ab	7.5a	10.3ab	10.1ab	51.8a	30.6a	5.57a
1/2切り返し	23.7b	7.6a	7.8b	7.0b	50.5a	20.6a	5.53a

z 切り返し後の長さ
y アルファベットの異符号間は5%水準で有意
（2011 真野隆司原図）

先端を1/3程度切るほうが大粒でよい房となる

図10　結果習性と切り返し（成木）

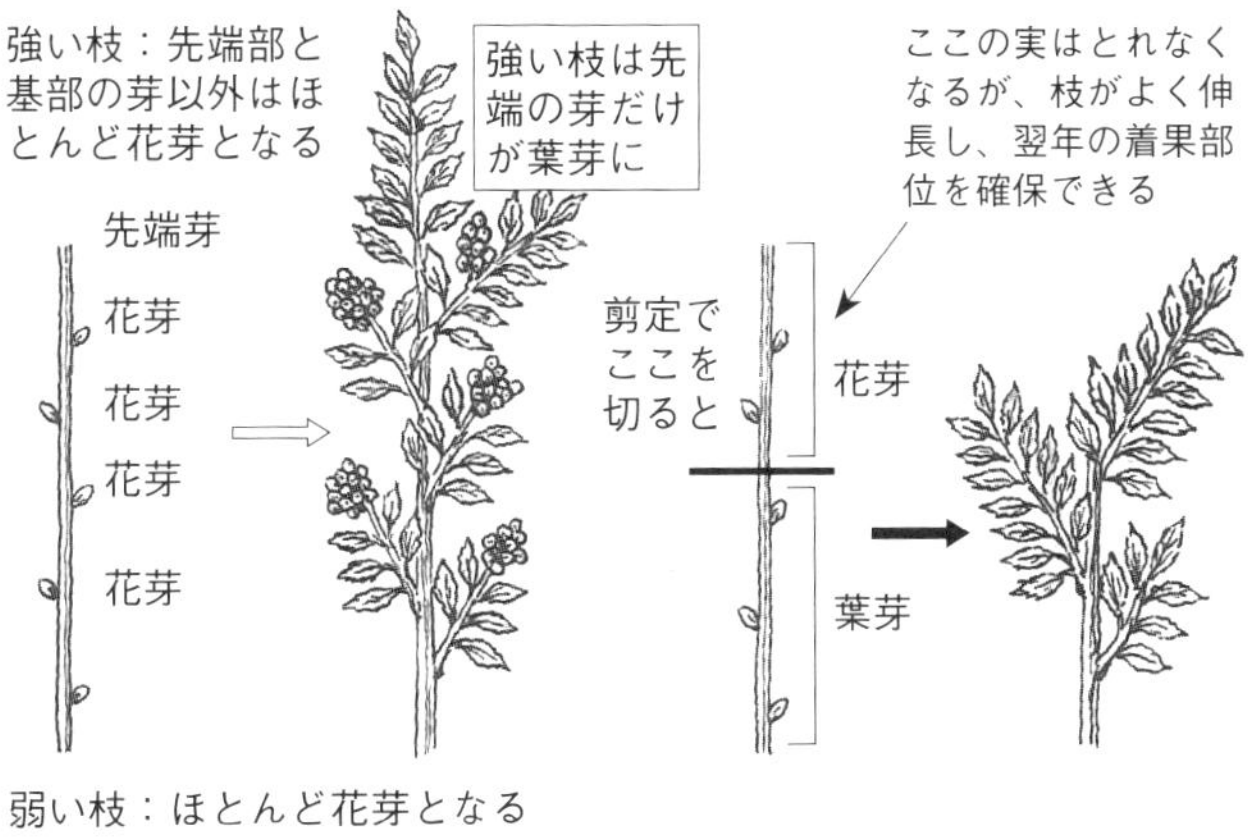
強い枝：先端部と基部の芽以外はほとんど花芽となる
強い枝は先端の芽だけが葉芽に
ここの実はとれなくなるが、枝がよく伸長し、翌年の着果部位を確保できる
先端芽
花芽
花芽
花芽
花芽
剪定でここを切ると
花芽
葉芽
弱い枝：ほとんど花芽となる

剪定の切り口には癒合剤などを塗る

3分の1くらい切り返しておくと大房になり、粒も重くなる傾向になります（**表3、図10**）。もちろん日当たりを考えて、近辺の競合する枝は間引いておきます。

●弱小枝は、適度に間引くようにします。

図11　樹形を乱す枝と扱い方

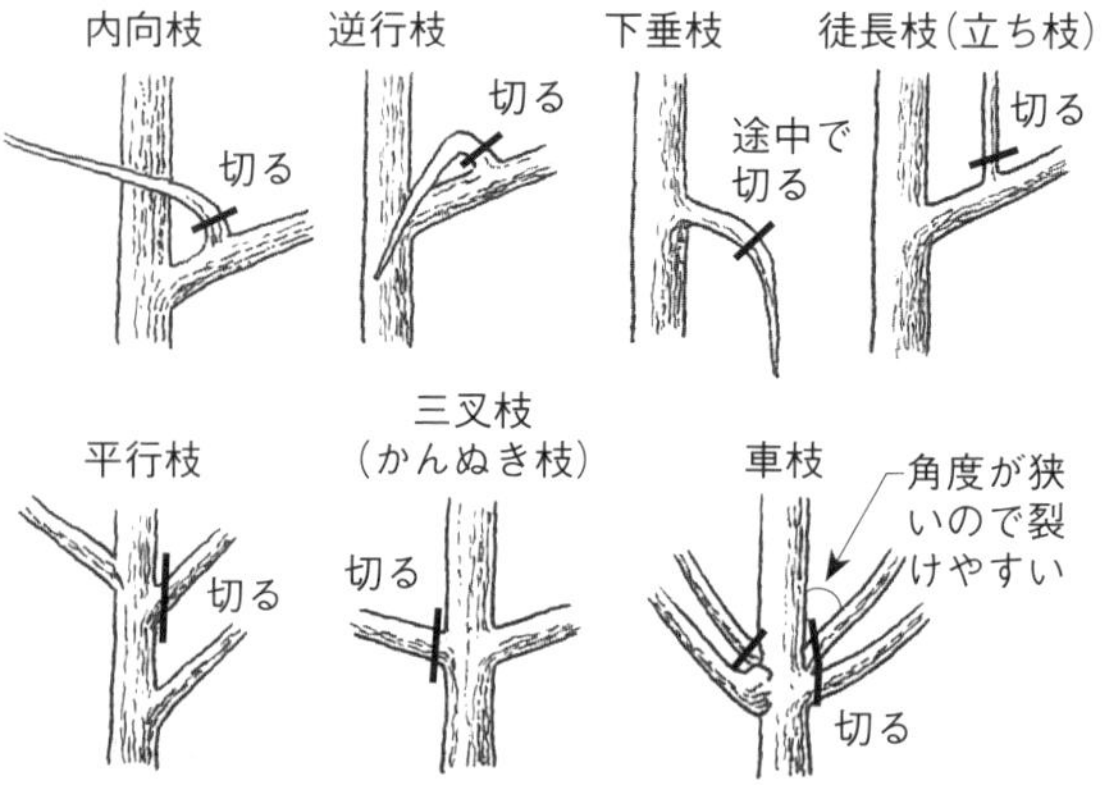

その他の剪定時の留意点

剪定のさいのその他の留意点をいくつかあげておきます（**図11**）。

●幼木の時期には、とくに枝が立ちやすくなります。そのなかで開いた枝を残すようにします。

成長の旺盛な若木の間引き剪定

込んでいる枝を分岐点で切除

●樹形の改造（作業性、安定性を高めるための低樹高化）は、徐々におこないます。急におこなって太い切り口をつくると、切り口から枯れることがあるからです。

●太い枝を切る際には、ほぞ（突起）を残さないようにします。サンショウは切り口から不定芽が発芽しにくく、枯れ込みが入りやすいからです。

●ほかの果樹と比べると、サンショウは剪定の切り口が癒合しにくいので、比較的小さな切り口でもトップジンMペースト、または木工用ボンドなどをかならず塗るようにしましょう。

●必要に応じて支柱などを使い、主枝を誘引します。

新梢伸長と生育段階ごとの結実管理

生育期と結実管理

栽培管理などの条件により一概にはいえませんが、植えつけてから1～3年を育成期、4～6年を結果初期、7～13年を結果最盛期、14～15年目以降を結果衰退期とします。

結実管理しだいで樹勢が大きく左右されるので、着果過多にならないように管理することが大切です。収量確保のためには、いかに充実した新梢（結果母枝）を確保していくかが課題になります。樹勢を強めに維持することが、サンショウの生産性、経済性を向上させるポイントです。

着果過多になると樹の勢いが低下

新梢伸長

春から伸びはじめる新梢は、樹冠を拡大していくための骨格となる枝になります。また、翌年に果実をとるための枝（結果母枝）として、重要な枝になります。

4月下旬から5月上旬ごろに、前年に確保した結果母枝の芽から新梢（結果枝）が伸びはじめ、伸び出した枝に果房を着生させます。この新梢（結果枝）は、果房が大きくなり、収穫が終わる6月上・中旬ごろまでは伸び方が緩慢です。収穫が終わると新梢は勢いよく伸びはじめ、9月まで伸長がつづきますが、7～8月がもっとも盛んに伸びる時期です。

収穫後から落葉までの新梢の充実度が、翌春の展葉や開花、結実に大きな影響を与えます。新梢を充実させるには、樹冠の日当たりをよくし整枝や剪定、また施肥に注意しましょう。

また、サンショウは根が浅いので、強い風によって株が揺らされたり、根が切れたり、倒れたりしてしまうこともあります。さらに風によって葉が擦れたり、落葉したり、降雨による湿害などの気象災害にも弱いので、万全の対応で臨みます。

育成期の管理

サンショウが順調に健全な状態で生育するか否かは、この育成期間で決まるといってよいでしょう。

植えつけてから3年間は、樹づくりを優先し、早期の収量の確保をめざし、植えつけ密度を確保することが必要です。3年目になるとサンショウは結実しますが、樹勢が弱い場合はすべて摘蕾し、樹づくりにつとめます。本格的な実の収穫は4年目からにします。また、この時期は樹冠が密になっていないために、夏場に乾燥しやすくなります。そのために、株の周囲をマルチにより乾燥防止をおこないます。

サンショウが植えつけられているところが、山間や棚田、山裾のような場所で、獣害を受けやすいような場所で、獣害を受けやすいようなら、その対策を徹底することも必要です。

よく手入れされたサンショウ園

新梢伸長が抑制された結果部位

結果初期の管理

サンショウは3年目から結実します。順調に樹が大きくなれば、1本の樹で4年目になると2～3kg、5年目で4～5kg、6年目で6～8kgの収量が見込まれます。しかし、実がたくさんなるからといって、多くを収穫しようとせず、結果の最盛期に収量が多くなるように結実管理をします。

伸びてきた枝の3分の1から半分くらいは間引き剪定をおこない、残りの枝には切り返し剪定と春の摘蕾をおこなって、翌年、結実させるための勢いのある新梢を確保するようにします。結実が多過ぎると新梢（翌年、果実を実らす結果母枝）の伸び方が抑えられ、樹の勢いも低下します。

結果期に入った樹の管理は、結果を安定させ、樹の勢いを保つためにも着果を制限する新梢管理が基本になります。そのために間引き剪定、切り返し剪定、摘蕾をじょうずに活用します。

結果最盛期の成木が並ぶ園地

結果最盛期の管理

サンショウの結果最盛期は、植えつけてから13年くらいしたころです。このころになると、もっとも樹勢が旺盛になり、実の品質も安定してきます。1株当たり平均して10kgくらいの収量をめざすのが理想的です。

13年もすると樹冠が広がり、枝への日当たりも悪くなりやすくなるので、間引き剪定により枝に日が当たるようにします。さらに充実した結果母枝が確保できるように、切り返し剪定をおこない、新梢が発生するようにします。

収穫間近の果実

植えられている場所の条件や管理方法により、樹勢は大きく左右されるので、整枝剪定や施肥、病害虫の防除を徹底することが大切です。

結果衰退期の管理

植えつけてから10～13年くらいをピークに、実の収量は徐々に減少してきます。樹が衰退してくると充実した結果母枝の確保はむずかしくなり、果房も果粒も小さくなってきます。家庭で使うには問題ありませんが、その品質は低下してきます。

この時期の管理は、樹勢を維持し樹の寿命を延ばすことにつとめます。それには間引き剪定や切り返し剪定をおこない、施肥管理や樹の受光体勢を改善することが必要です。

土壌管理と施肥のポイント

土壌管理

サンショウは、水はけがよく通気性に優れた土壌に適した植物です。また根が比較的浅いところに分布し、根の分岐が少なく繊細なために、乾燥による土壌の亀裂などで切れることもあります。

サンショウの根は他の果樹よりもデリケートですから、土壌管理に当たっては雑草の繁茂による養水分競合に留意するとともに、排水対策、乾燥対策を細かくおこなって土壌水分の急激な変化を避けることが重要です。また、株元の周辺を踏みつけ、土壌の通気性を損ねるようなことも避けなければなりません。

排水対策

とくにサンショウは湿害に弱く、雨の多い梅雨が過ぎたころに突然、枯死することがあります。雨が降った後に水がよくたまっているような場所や、元水田で地下水位が高いような圃場では、排水対策をしなければいけません。また、土壌が粘土質だと排水不良になりがちです。

対策としては、植えつけ時に高畝にするとともに、降雨後に表面の水が速やかに排出されるように、溝をかならず設置します。経済栽培の場合、重機があれば芯土破砕をおこない、暗渠などもできるだけ整備します。また、排水対策をおこなっても、降雨後に水がたまるような場所があるなら、溝を掘って水が抜けるようにします。

土づくり

サンショウは肥沃な土壌を好む植物です。植えつけ時には、堆肥や苦土石灰、溶リンなどの土壌改良資材を施用します。また、樹冠が拡大するにしたがい、株を中心に環状に堆肥を施用します。ただし、根を切ってしまうので、中耕して混ぜ込むことは避けます。

草管理

サンショウは除草剤に弱いといわれており、基本的には除草剤は使用しません。草刈りをしなければなりませんが、草を刈る場合は株のそばまで踏み込まず、樹の地際を傷つけないように注意します。

樹の周辺の草を抑えるには、直径1～1・5mの範囲で有機物をマルチします。マルチの材料は籾殻、稲わら、麦わら、刈った草などを利用すると乾燥防止にも効果があります。

ただし、これらのマルチ資材は、水が抜けるように設置した溝に敷いてしまうと、排水不良を招きます。園全面にあまり分厚く敷かないように心がけます（図12）。

図12　マルチの範囲

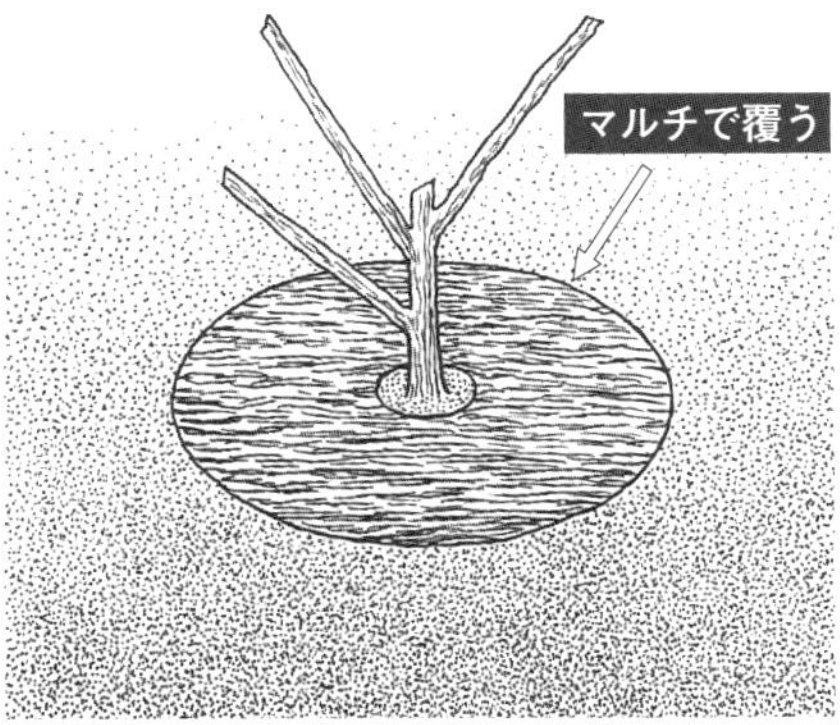

樹の周辺にマルチをし、直近は除く

肥料の施用

サンショウは、ほかの果樹と同じように比較的、肥料を多く必要とする植物です。そのために、かならず施肥をおこないます。

施肥には大きく分けて10～12月の落葉期から落葉後に施肥する元肥、3月に施用する芽出し肥、6～8月におこなう追肥があります。参考までに、樹齢別の施肥量の目安を次頁の**表4**で示しています。

元肥を施す

10～12月に施用する元肥は、有機質肥料を主体に施用します。完熟堆肥、鶏糞、油粕、木灰などですが、窒素成分量で10a当たり10kg程度施用します。窒素などのおよその成分量は肥料によって違います。成分量を計算してその施肥量を決めます。

元肥として鶏糞、油粕などが有効

また、樹齢によって施肥量の目安は異なってきますが、同じ樹齢でも樹勢が強ければ肥料を少なく、弱ければやや多めに施用します。水田転換園では、植えつけ当初、地力窒素が乾土効果によって効いてくることがあるため、施肥は控えめとします。植えつけてから数年、肥料がいらない場合もあります。

芽出し肥を施す

3月の芽出し肥は、果実の着粒数や、房の大きさを左右します。しかし、過度の施肥は軟弱徒長を招き、枯死の原因となります。また、樹勢が強い若木では、軟弱徒長のため、かえって収量減となることもあります。樹齢によりますが、窒素成分量

表4　樹齢別に見た1樹当たりの施肥量の目安（10aに100本植えの場合）

肥料種類（時期）	肥料名	1～3年生	4～6年生	7～13年生	14年生以上	施肥法
元肥（11～12月）	鶏糞 または油粕	400g 200g	600g 300g	800g 400g	1kg 500g	環状
	堆肥	4kg	6kg	8kg	10kg	全面
芽出し肥（3月）	かがやき有機 または硫安	320g 100g	480g 150g	640g 200g	800g 250g	環状
追肥（6～8月）	鶏糞 油粕	160g 120g	240g 180g	320g 240g	400g 300g	環状

で10ａ当たり12kg程度までにとどめるようにします。

追肥を施す

6～8月の追肥は礼肥《れいごえ》ともいいます。収穫後の葉の光合成を助け、次年度の貯蔵養分を高めるために施用します。窒素成分量で10ａ当たり3～4kg程度施用します。礼肥も多すぎると枝が軟弱徒長し、翌年の霜で枯死しやすくなるなど、弊害が大きく出ます。

図13　肥料の全面施用と環状施用

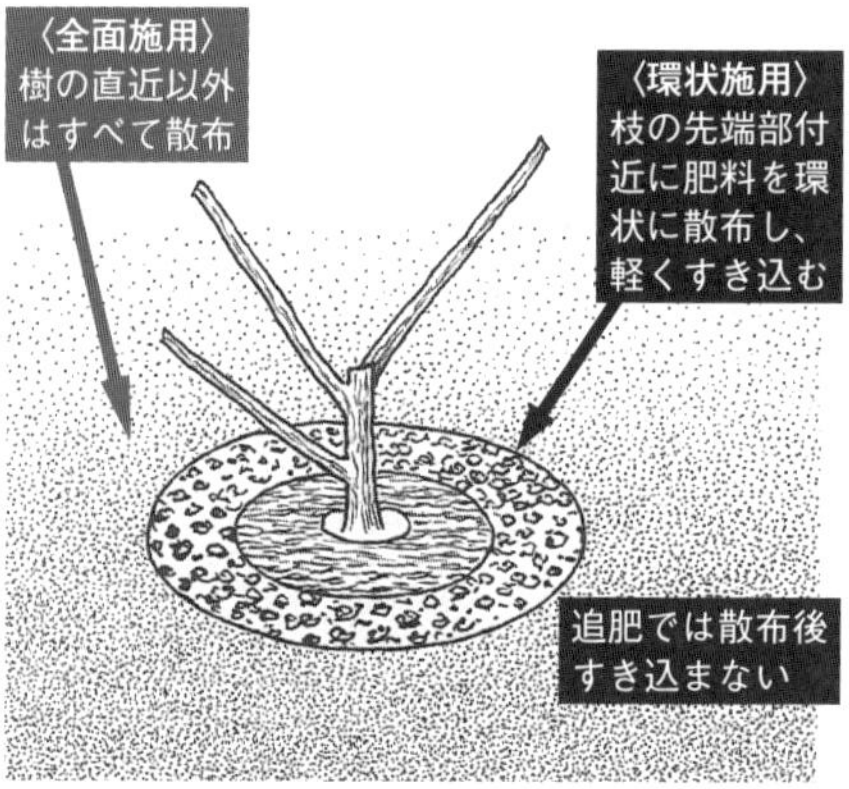
〈全面施用〉
樹の直近以外
はすべて散布
〈環状施用〉
枝の先端部付
近に肥料を環
状に散布し、
軽くすき込む
追肥では散布後
すき込まない

芽出し肥も礼肥も、肥料は有機質でも化成肥料でもよいのですが、サンショウは根が弱いため、追肥で化成肥料を施用する場合は、固めて散布すると濃度障害をおこす危険性があります。施肥するさいには、ムラがないようにまんべんなく広げてまきます（図13）。

施肥量の目安

成木（14～15年生程度から）の10ａ当たり年間施肥量の目安は、窒素20kg、リン酸15kg、カリ15kgまでとし、その比をおよそ4対3対3にしますが、乾果で収穫するために果実を樹上で長期間置く場合、着果負担が大きいため窒素分を年間30～35kgくらいに増やすこともあります。これもやはり樹相を見ながらの判断となります。

果実の収穫適期と収穫方法

果実の収穫適期

サンショウの果実は、佃煮用にするか、漬け物用として利用するか、また、香辛野菜の一つとして使うか、七味などの香辛料の材料にするかなど、用途によって収穫の時期が異なってきます。

　佃煮にする生果は、収穫が遅れると硬くなるばかりでなく、香りも乏しくなります。サンショウの実は、樹齢によって実の大きさにばらつきが出るので、粒の大きさで適期か否かを見わけるのは困難です。目安としては花が咲いてから30～35日の間に収穫するのがベストです。この時期の実は表面が鮮やかな黄緑色で、割ってみると種子が白く軟らかな状態です。

果実の状態を見きわめて収穫

　もっとも気象条件や栽培地域により、開花期や収穫期に5日間ほどのずれが生じることがあります。果実の状態をよく見きわめ、収穫することが重要です。果実の外観は、かつての調査によれば収穫時期が遅くなるにつれて少しずつ肥大し、楕円状から球状に近くなります（**図14**）。中の種子色などは、17頁の**図３**に示しているとおりです。

　サンショウは、そのまま放置すると、しだいに中の種子が黒ずんできます。生果での収穫時期が過ぎて、緑色が暗緑色になったころの果実は、漬け物用として使えます。

図14　収穫時期別の果実の大きさ・形状

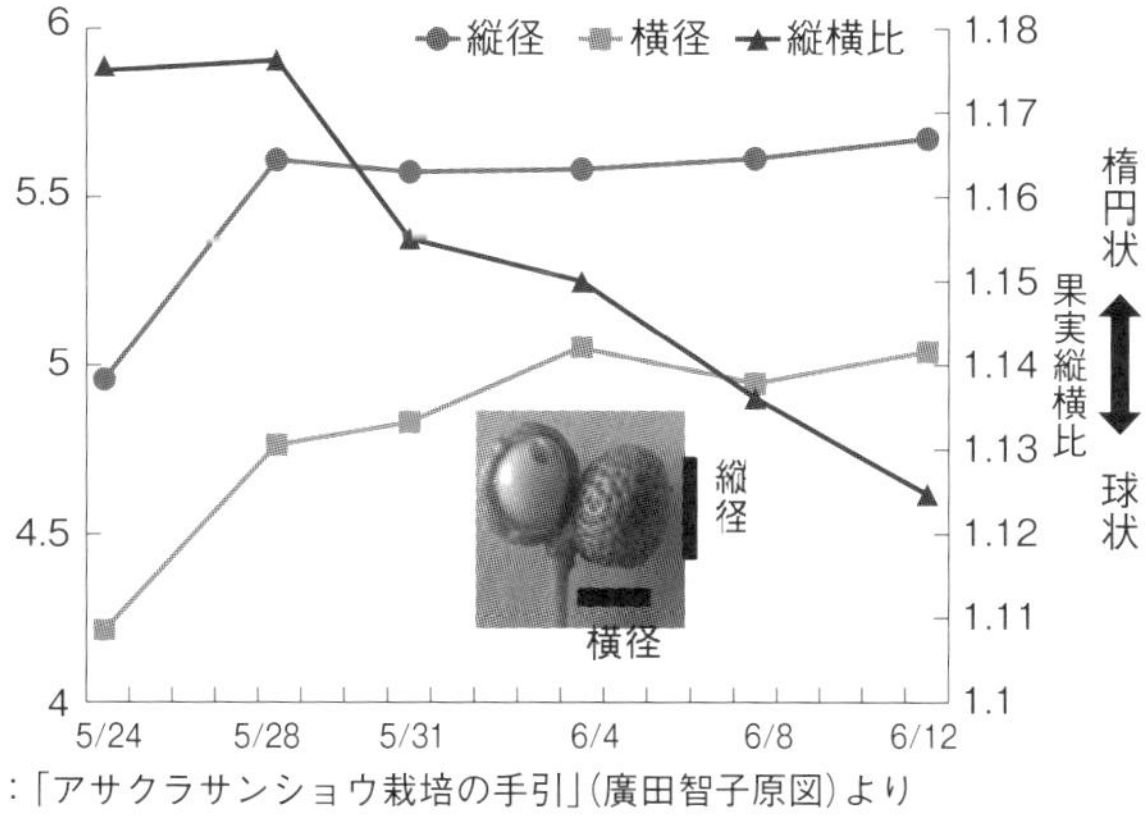

注：「アサクラサンショウ栽培の手引」（廣田智子原図）より

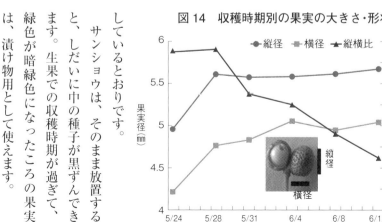

晴天の日の朝のうちに収穫

指の間に挟み、房ごと摘む

収穫果は早めに日陰に移す

香辛料などに使う場合は、皮や実を粉にします。粉にするには収穫した実を2〜3日ほど、天日に干して乾燥させます。このような用途に用いるのであれば、7月中旬から9月ごろまで収穫できます。

収穫の方法

収穫ばさみとして、ブドウの摘粒ばさみを使う人もいます。一般的に収穫は、親指と人さし指の爪に挟んで、房ごと摘み取ります。家庭用で量が限定されているのなら、それで十分です。摘み取るときに果梗（茎と実の接続部分）を長く残さないように注意します。また、手でしごくと表皮が擦れて変色の原因になるのでおこなってはいけません。

しかし、出荷を目的に栽培しているような産地では、大量に摘み取らなくてはならないために、人さし指にはめて使う収穫爪を用いている産地もあります。また、樹の下にビニールシートを敷いて、その上に切り落とし、ごみを除く方法も簡単です。

収穫は晴天の日を見はからっておこないます。雨天の収穫は蒸れなどにより、品質が低下するので避けましょう。収穫した果実は蒸れやすいので、手早く気温の低い日陰に広げ、乾燥防止に新聞紙などをかけておきます。また、紙袋や布袋、網袋などに入れ、ビニール袋は蒸れの原因となるので使いません。

サンショウも7〜8年経った成木で、1本当たり10〜12kgの生果を収穫できます。樹を放置せず、普段から整枝や剪定をおこなっていれば、収穫しやすくなります。

出荷基準と出荷の例

サンショウの産地で生果や乾果を出荷する場合は色沢、芳香などによる審査基準が設けられており、果実の等級別に分別して、10kg入りの段ボール箱に房ごと入れて出荷されています（**表5**）。実ザンショウの生果でも佃煮用にする実は、表面が鮮

表5　果実品質の構成要素

項　目	摘　要
色　　沢	鮮緑色で新鮮さを感じること
芳　　香	良好な芳香で、ハッカのような爽やかな香りがすること（異臭がしないこと）
1房の粒数	粒数が多いほど、豪華に見える。また収量も多い
食　　味	苦み、渋みがなく、適当な辛味があり、舌ざわりがよくおいしいこと
果粒の大きさと硬軟	用途別に適当に肥大していること。過熟になっていないこと
脱粒の難易度	野生種ほど、脱粒しにくい

注：「タキイ最前線」（2012 夏号 内藤一夫）を加工作成

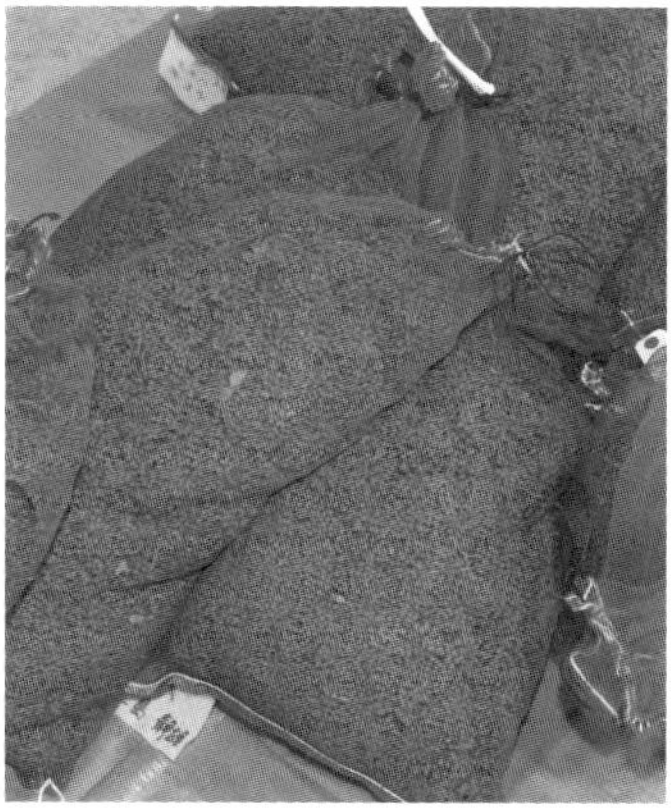

ビニール袋は果実が蒸れて褐変する原因となるので、ネット袋に入れて搬入

選果し、段ボール箱に入れて出荷（JAたじま）

集荷場で果実をネットから出し、広げる

やかな黄緑色で、種子は白っぽく未熟なものが、最良の実として出荷されています。

　アサクラサンショウの本場である兵庫県養父《やぶ》市では、5月下旬から6月上旬にかけて生産者が早朝5時くらいから前掛け、収穫かご（首から吊るすタイプ）のいでたちで生果をつぎつぎと収穫します。

　収穫後、即座に一袋当たり5kg入りのネット袋に入れ、それぞれ農協（JAたじま）の営農生活センターへじかに搬入します。最盛期にはすべての営農生活センターから一日当たり合計1tもの生果が搬入され、京阪神の市場などへ出荷されることになります。

　ブドウサンショウの生産が日本一である和歌山県有田川町では、5月中旬から6月上旬にかけて生果を収穫します。生果は、主に佃煮やちりめん山椒に使われています。その後の7月上旬から8月中旬にかけての収穫果は、乾燥果にして漢方薬、粉山椒、七味などの原料として出荷されています。

主な気象災害とその対策

サンショウは、あまり手間や経費をかけずに栽培するのが理想的です。数年に一度くらいの気象災害に対策を講じるのは、なかなか取り組みにくい面もありますが、気象災害によるダメージは数年間に及ぶこともあり、栽培をつづけていくことに影響する場合もあります。

　したがって経済栽培はもちろん、庭先栽培でもできるだけ対策をとっておくことです。

霜害を受けた新芽

凍霜害

サンショウは、温暖な地域を好むミカン科の植物です。クワや茶よりもさらに霜害に弱く、幼木の時期に霜のために地上部が枯死してしまう場合もあります。

　霜害は発芽期から幼果期に、組織が凍ることによって発生し、新芽の褐変、枯死などの症状が現れます。霜害の被害を受けやすい時期は、3〜5月ごろです。移動性高気圧に覆われた無風で快晴の日の、太陽が昇る直前で、放射冷却によって、もっとも気温が低下したときに霜は発生しやすくなります。

　育成期間中の若木は、とくに弱いため、霜害を受けやすい地域では、できればわらやコモなどで防寒します。また、雑草対策で敷いた稲わらや籾殻などのマルチは、春に手回しよく早めに敷きたいところですが、地表面からの熱の放射を妨げ、放射冷却を助長するため、これらのマルチは、晩霜の心配がなくなってからおこないます。通常は4月下旬以降におこないます。

　成木におこなう対策としては、寒《かん》冷紗《れいしゃ》（遮光や防寒、防虫などのために使用する資材）をかけて被覆したり、灯油や重油を使った燃焼法があります。霜注意報が発表されたら、それに合わせて実施します。

　もし、凍霜害にあい枝が枯死したら、その部分を切り返します。とくに若木で枯死した部分があったら、早めに切ります。遅れると地上部の全体が、枯死する場合があります。

雹害

雹は積乱雲から降ってくる氷塊で、雷雨に伴って豆粒ないし、大きなものでは鶏卵ほどあるものも降ることがあります。しばしば作物に害を及ぼすことはよく知られています。

雹害を受けた枝

果実の雹害の症状

春から夏にかけて大気が不安定な状態になると、突然降ってくるために発生を予想しづらく、被害対策をとることがむずかしい面があります。したがって、夏に夕立が起こりやすい地域では日ごろから注意をはらい、できるのであれば寒冷紗をかけておくことで、被害を軽減することができます。

風害

サンショウは根が浅く、また根が弱いために風害を受けやすい植物です。サンショウが風によって受ける害としては、果実や葉が揺すられるために傷がついたり枝が折れることがあります。根が十分に張っていない幼木では、根が断裂したり、ひどい場合は倒伏したりすることもあります。

風害の防止には、風よけの樹を植栽したり、ネットを張って防風垣を設置して、サンショウに吹きつける風を弱めるのが有効です。しかし、風の吹き方は一律ではなく、季節や台風の進路、地形によっても複雑に変化します。

傾斜地では斜面に沿って、風が吹き上げたり吹き下ろしたりします。このように変化する地形では、低めの防風垣を数多く設けたほうが効果は高くなります。

防風樹を植える場合、樹の選定には次のようなことに留意して選ぶとよいでしょう。

①根が深く倒伏しにくい樹。

②常緑で成長が旺盛な樹。
③刈り込みに耐える樹。
④病害虫の寄生がサンショウと共通しない樹。

一般には風に強く刈り込みに耐える樹は成長が遅いので、早期に効果を得るためには、成長が早い樹を混植します。防風効果が高いのは、密度が70~80%の範囲といわれています。したがって、剪定や刈り込みをおこない、強風時に最大の効果が発揮できるような管理が必要です。また、植えつけたばかりのときはかならず支柱を立て、台風などの強風に備えましょう。

結束による雪害防止対策

雪 害

雪が多い地域では、雪害対策も大切です。サンショウの樹に付着していた雪は、融けるにしたがいしまってきます。すると枝が下に引っぱられます。これを沈降力といいますが、沈降力がもっとも大きくなるのは、降雪してから1週間から10日ごろです。

とくに、中山間地にサンショウを植えているような場合は、降雪後の除雪が困難なために、早めに対策を立てる必要があります。それには、次のようなことを心がけましょう。

①粗剪定を早めにおこないます。
②枝をまとめて縛るか、支柱を立てて枝吊りをおこないます。
③太い枝があれば、その下に支柱を入れます。
④サンショウが植えられている周囲に排水溝などを整備し、水はけをよくします。
⑤除雪が必要な場合は、雪が小康状態の間に、こまめに除雪します。

冠雪によって太い枝が裂けた場合は、早めにボルトやかすがい（二つのものを結びつけるもの）などで固定し、周囲をビニール紐などで巻き、雨水が流入しないようにします。

枝が折れた場合は、折れた部分をきれいに切り直し、癒合剤を塗布して癒合を促します。

病害虫の主な症状と対策

サンショウは他の樹と比べて、病害虫に冒されにくい植物です。それでも経済栽培では、数種類は防除などの対策が必要です。

病害の症状と対策

さび病

葉の表面に病斑の現れるさび病

さび病には、主に葉の表面に黄褐色の病斑が出るタイプと、5月中旬ごろから葉の表面に黄色の点が発生するタイプがあります。

防除にはストロビードライフロアブル2000倍液、ペンコゼブ水和剤600倍液、Zボルドー水和剤1000倍液などを散布します。また、窒素過多は、枝葉を過繁茂状態にし、発生を助長するので、肥料の与え過ぎに注意します。

幹などに菌体が発生する灰色こうやく病

灰色こうやく病

樹皮の上に、菌糸の層が円形に張りつく病気です。菌糸層は徐々に大きくなり、枝の周囲を覆うほど広がることがあります。主に2年以上経た古い枝や幹などに発生し、枝の表面にこうやくを張ったような白から灰白色、または褐色から暗褐色の菌体を生じます。

本菌はカイガラムシ類の排泄物、分泌物を栄養源として繁殖し、樹の体内に菌糸は侵入しませんが、寄生された枝は衰弱し枯死する場合もあります。この病気を防ぐには、カイガラムシの防除を徹底すれば自然となくなります。すでについたものを除去するときは、11月下旬~12月上旬に菌体をワイヤブラシなどで削り取ります。

この病気とよく似たものに、地衣類（菌類と藻類の共生植物）であるウメノキゴケが樹皮に生える場合がありますが、老木で弱った樹皮に発生するだけで、病原性はありません。灰色こうやく病は、樹が弱っていると発生しやすくなるので、日ごろの管理で樹勢を弱らせないようにしましょう。

弱った樹皮に発生するウメノキゴケの菌糸

赤衣病

この病気は樹の幹に発生します。はじめは樹皮の表面に白色菌糸がクモの巣状にはびこり、症状が進むと淡紅色の菌層が樹皮の表面を覆い、樹が枯死することもあります。樹勢が衰弱した場合や、部分的に枯死したときに発生する、二次的な病害と考えられています。

赤衣病の発生を抑えるには、樹勢が弱らないように適宜、整枝剪定をおこなったり、日ごろの管理に気を配りましょう。

アゲハチョウの幼虫

虫害の症状と対策

アゲハチョウ（ナミアゲハ）

寒冷地では年に2回発生します。幼虫が葉を食いあらす被害が発生しますが、とくに終齢幼虫の食害は大きく1匹でも枝を丸坊主にするほどです。

発生するのは4月ごろで、樹を観察して見つけたら捕殺します。また、バシレックス水和剤の1000倍を散布します。2齢の幼虫は鳥の糞に似て見つけづらい虫ですが、この時期に駆除しておくと大きな被害は出ません。

アブラムシ類

アブラムシの仲間には、ミカンク

表6　サンショウ(果実)の主な病害虫防除薬剤

病害虫名	農薬名	希釈倍率	使用時期	使用回数
さび病	ストロビードライフロアブル クミアイペンコゼブ水和剤 Zボルドー水和剤	2000 600 1000	収穫14日前まで 収穫後〜落葉期 —	2回以内 3回以内 —
アブラムシ類	モスピラン水和剤	4000	収穫7日前まで	1回
アゲハ類	バシレックス水和剤	1000	発生初期、ただし収穫前日まで	4回以内
ハダニ類	サンマイト水和剤 カネマイトフロアブル	3000 1000	収穫後〜開花前 収穫30日前まで	1回 1回
ミカンハダニ	クミアイアタックオイル乳剤	150	5〜10月	5回以内
ハダニ、サビダニ類	石灰硫黄合剤	20〜40倍	休眠期	—

注：「アサクラサンショウ栽培の手引」より。2008年12月現在

ロアブラムシなどがいます。5月中旬から7月にかけて発生することが多く、新葉が縮れます。防除するにはモスピラン水溶剤の4000倍液を散布します。

ハダニ類

5月ごろから発生し、とくに夏場の高温乾燥時に多発しやすくなります。また、殺虫剤が頻繁に散布された樹では多発しやすい傾向にあります。

症状は葉の全体がカスリ状になり、緑色が褪せ、ひどくなると葉焼けや早期落葉をおこします。生育期の防除にはサンマイト水和剤の3000倍、カネマイトフロアブル1000倍、またはクミアイアタックオイル乳剤150倍を散布します。休眠期には、発芽前までに石灰硫黄合剤7〜10倍を散布します。

カイガラムシ類

サンショウにつくカイガラムシ類には、ミカンコナカイガラムシなど、数種のカイガラムシがあります。多発すると、その排泄物に「すす病」と呼ばれる黒いカビが発生し、果実や葉を汚すことがあります。また、のちに前述の灰色こうやく病の元にもなります。休眠期にワイヤブラシで削り落とすか、落葉期に器械油乳剤95の14倍で防除します。冬季に見つけたら、そのつど捕殺します。

獣害の増える要因とその対策

被害激増の要因

最近、住宅街までイノシシやシカ、サルなどの野生動物が出没し、農作物を食い荒らす被害が増えています。とくに地方の山間地域では、被害が激増しています。

その要因は、いくつかあります。

①耕作放棄地や里山の手入れが進まず、やぶ化したことにより野生動物が潜める場所が増えた。

②過疎化や地域の高齢化により、農地に人のいない状況が増え、野生動物が人を恐れなくなった。

③ハンターの高齢化で、野生動物を適度に駆除する機会が減少した。

④集落内の作物をはじめ、ひこばえ、雑草、捨てづくり（作物をつくりっぱなしで放置）、くず野菜や生ごみの投棄などで野生動物の食料が増えた、などが考えられます。

近年、全国でニホンジカが増え、被害が増大しています。「こんな辛いものを？」と思いますが、シカはサンショウを好んで食すために、とくに山間部で山すそに植栽するような場合は、対策が必須です。シカは跳躍力もあるので、柵で囲うためには高い柵が必要になります。

イノシシも枝を折ったり、樹を倒したり、樹皮を食べたり、ミミズなどを捕食するために根周辺を掘り起こしたりするなどの被害を及ぼします。園内にいる餌となる動植物をねらって、侵入してきます。

なお、アサクラサンショウの産地である但馬では、実のつくころになると「ヒリリ、ヒリリ」と鳴くサン

イノシシがミミズをねらって掘った跡

渡り鳥のサンショウクイ

ショウクイという名の渡り鳥が出没します。

サンショウクイの名前の由来は、サンショウを食べて辛いので「ヒリリ、ヒリリ」と鳴くからといわれています。もっともサンショウクイは本来、昆虫などの動物食であり、害鳥ではありません。

獣害対策のポイント

サンショウを獣害から守るには、栽培（とくに経済栽培）するうえで次のようなことがあげられます。

金網柵が獣害対策として効果的

「餌づけ行為」をしない

まず、野生動物を呼び寄せる「餌づけ行為」をしないことが重要です。くず野菜や生ごみはコンポストにするか、地域でごみ捨てのルールをつくりましょう。捨てづくりをやめ、しっかり管理し、農業をしている場合は、冬場に生えるひこばえ、雑草を減らすようにします。

草刈りの時期にも注意しましょう。9～11月の秋に草刈りをおこなうと、真冬に緑の雑草が生え、餌がない時期に、かっこうのシカの餌場をつくることになります。

柵の内側に通路を設ける

農作物にたどり着けない工夫を

これには、防護柵をいかに有効に使うかがもっとも重要です。個別の農地を囲うよりも、地域全体を守るほうが経済的でもあり効果的です。また、効果を持続させるために、設置後のメンテナンスをかならずおこないましょう。

植えつけ前の整備

獣害対策には、植えつけ前に周囲を整備しておくことが大切です。まず、雑草など餌になりやすいものを放置しないようにします。周辺をできるだけ見通しのよい状態にし、野生動物が現れたり、隠れたりする場所にならないようにします。

次に植えつけるまでに、野生動物を近づけないように、植えつけ前から防護柵などを張り、餌場ではないことを印象づけることも大切です。できるだけ頻繁に足を運び、人間の縄張りであることを認識させることが、野生動物を遠ざける基本です。

柵の設置のポイント

まず、柵に近づくのが不安になるような柵を設置します。柵の外側には、頻繁に人が通れるような通路を設けて利用するのが有効です。

設置した柵が地域に広がっていくようにし、柵の効果を高めます。コストをかけず、負担を軽くする工夫も大切です。

トタンや金網柵を併用

防護柵の種類と設置

主な防護柵の種類と、その特徴は**表7**を参照してください。各防護柵のチェックポイントは、次のとおりです。

海苔（養殖用）網

●網は破られたなら、すぐに補修します。

●下からの潜りこみを防止するために網の下に竹などを通し、杭で固定します。

●網がたるんで低い部分ができると、シカなどは簡単に飛び越えてしまうので、たるみができたら補修します。

●イノシシは、石をひっくり返して餌を探す習性があります。重石はかえってイノシシを招くことがあります。

●外側に斜めに垂らしておくと、飛び越えるさいの踏みきり防止にもなり、飛び込んでくるのを避けることができます。

トタン柵

●トタン板で囲った柵は、板のつなぎ目のすき間や、壊れたりして柵の内側が見えてしまうと、効果が激減します。

●イノシシは鼻で穴を掘ったり、柵を持ち上げようとします。トタン板と地面の間に、すき間をつくらないように注意します。

●トタン板の支柱は、深く埋め、しっかりと固定します。

電気柵

●電牧器の本体から電流が出ているか、電圧は常に5000ボルト以上あるかを定期的に検査します。

●アースを介して電気回路が機能

表7　各種防護柵の評価

種類	効果および評価	実用性
シカ網柵（海苔網）	下部からの侵入、網の嚙み切りなど効果が不安定（魚養殖用の太くて丈夫な網であれば、効果は違ってくる）	低い
トタン柵（＋海苔網）	下部および飛び越え侵入がある。さびやすく補修が必要で、手間がかかる。飛び越えられそうなところは、高くしたり二重にしたりするとよい	劣る
電気柵	簡易であるが、すき間から侵入されることがあり、慣れが生じる。きめ細やかな見回りが必要。また、外来者や子ども、高齢者にとって危険性もあるので、管理には注意する	あり
金網柵	コストは高いが、耐用年数が長い。きめ細やかな維持管理が必要	高い

注：①防護柵の内側には、なるべく通路スペースを設ける
②効果や実用性、汎用性は立地条件によって異なる

しているかをチェックします。

●ワイヤが途中で断線していないか、また、下部のワイヤが地面から離れると、潜りこまれることもあります。

フェンスと地面の間のすき間をなくす

●生い茂った雑草がワイヤにたくさんからまると、漏電のもとになります。漏電に注意しましょう。

●動物が接触するように張られているかが大切です。ガイシの向きを山側にし、支柱の押し倒しを防止します。

●動物の足元が、コンクリートやアスファルトだと、電気が通りにくくなるので、足元に通電しているかを確かめます。

金網柵（ワイヤメッシュ）

●柵ごと持ち上げられないように、杭は外側から斜めにしっかりと打ち込みます。金網と地面の間にすき間があると、イノシシはかならず鼻を突っ込んで持ち上げようとします。

●支柱には太い杭などの材料を使い、深く打ち込んでおきます。また、端にすき間ができないように合わせて、番線などでしっかりと固定します。

●子イノシシが侵入しないように、できればメッシュが10㎝、太さが6㎜のものを使います。

●トタン板とセットにすると、目隠しにもなります。

サンショウの繁殖方法

苗木の繁殖方法

サンショウを増やすには一般的に接ぎ木、挿し木による繁殖が考えられます（**表８**）。実生《みしょう》による繁殖は、雄株と雌株が分かれるだけでなく、親株と遺伝的に同じものができず、良質な形質のものができるとは限りません。さらに、実生の植物は、栄養成長（枝葉の成長）は盛んですが、花芽分化は抑制されるため、結実までに接ぎ木苗より何倍もの期間を必要とします。実生による繁殖は台木として利用する場合に限ります。

挿し木に使う挿し穂は、その年に成長した枝（1年生枝）のなかで、実を採るのに影響が少なそうな部分を使います。挿し木には、用いる挿し穂の採種時期によって3月中・下旬の休眠枝挿し、6～7月ごろの緑枝挿しがあります。

接ぎ木は枝や芽などの植物体の一部を切り取り、台木や別の個体に接ぐ方法です。サンショウを増やすのにもっとも一般的な方法なので、次に接ぎ木による繁殖方法を具体的に述べます。

表８　主な繁殖方法

種子繁殖
- 実生（実生法）

栄養繁殖
- 接ぎ木
  - 〈枝接ぎ〉
    - 切り接ぎ
    - 腹接ぎ
  - 〈芽接ぎ〉
    - 剝ぎ接ぎ
    - そぎ芽接ぎ
    - 盾芽接ぎ
- 挿し木
  - 〈休眠枝挿し〉
  - 〈緑枝挿し〉
- 取り木

接ぎ木による繁殖

接ぎ木は台木に切り取った枝を接ぐ方法で、接がれるほうを台木、接ぐほうを接ぎ穂（穂木）と呼んでいます。

接ぎ木は、接ぎ穂の違いによって枝接ぎと芽接ぎに大別されます。

台木にするサンショウの種類は、一般的には強健で根の張りがよく、栽培に適したフユザンショウや野生のサンショウの実生が使われています。とくにフユザンショウは排水不良に強く、枯れにくいため、台木にフユザンショウを使う産地が多くなっています。

台木のつくり方

採取・貯蔵

台木のフユザンショウは、果実の緑色が抜けて黄色になるころ、7月末から8月末にかけて採取します。

種子は、樹上に置かれたままでは乾燥して発芽力を失います。9月以降に採取しないように注意します。

とった種子は、1～2日程度軽く陰干しし、割れた皮をとってそのまま播種するか、湿った川砂（5～10倍量程度）に混ぜてカメなどの容器に入れ、縁の下などの冷暗所に貯蔵します。

種まき

播種期は、冷暗所に貯蔵していた場合、2月末ごろまでとなります。これより遅くなると、貯蔵中に発芽するものも出てきます。一方、乾燥さえしなければ秋に播種しても問題ありません。貯蔵の手間を省き、採取して果皮をとった後、すぐに播種することも可能です。播種する場合はプランターや植木鉢でも大丈夫ですが、乾燥しないように注意します。露地では雑草管理も必要です。

苗床には完熟堆肥などの有機質肥料を適宜施し、よく混和します。播種は10～15cm間隔のすじまきとし、種子をまく間隔は、3～5cmに一粒ずつとします。覆土は1cm程度、軽くクワで抑えておき、籾殻などでマルチしておきます。

接ぎ木は代表的な繁殖方法

台木の育成、管理

種をまいた翌年の4月ごろには、芽が出てきます。発芽が出そろったら追肥として500～1000倍に薄めた尿素、硫安、市販の液肥などを施します。

春から夏にかけては、乾燥しないように注意し、敷き草や敷きわらなどを敷いて湿り気を保つようにします。また、この時期にはアゲハチョウやアブラムシなどの害虫がつくことがあるので防除します。台木が密植している部分は、株の間が10cm程度になるように間引きします。

11月ごろには元肥として油粕を、それぞれ1㎡当たり100gほど施しておきます。

台木の太さは、約1cmくらいになればよいといわれています。播種してから2～3年目の春には太くなり、接ぎ木ができるようになります。

接ぎ木の方法

接ぎ穂の保管

接ぎ穂はできるだけ豊産性で、品

質のよい株を選択します。2月下旬ごろ、1年生枝の充実した部分から採取します。採取した接ぎ穂は、台木に接ぐまでの期間、乾燥させないように、湿らした新聞紙などに包み、冷暗所で保管します。

接ぎ木の時期

接ぎ木は、3月中旬の終わりから、下旬のはじめの春の彼岸の前後に実施します。この時期をのがすと、活着率が悪くなります。

図15　切り接ぎ

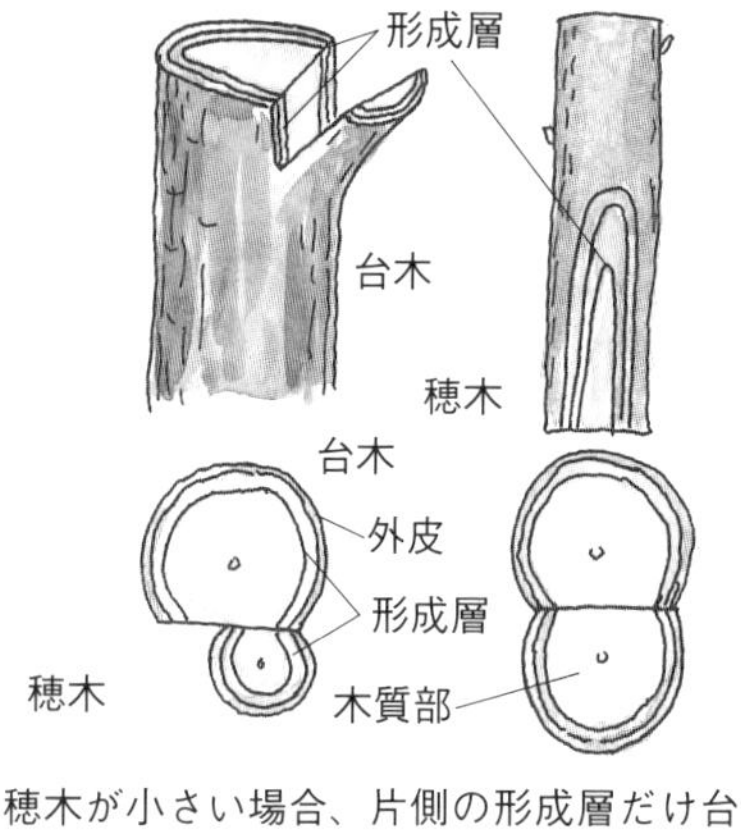

穂木が小さい場合、片側の形成層だけ台木の形成層に合わせる

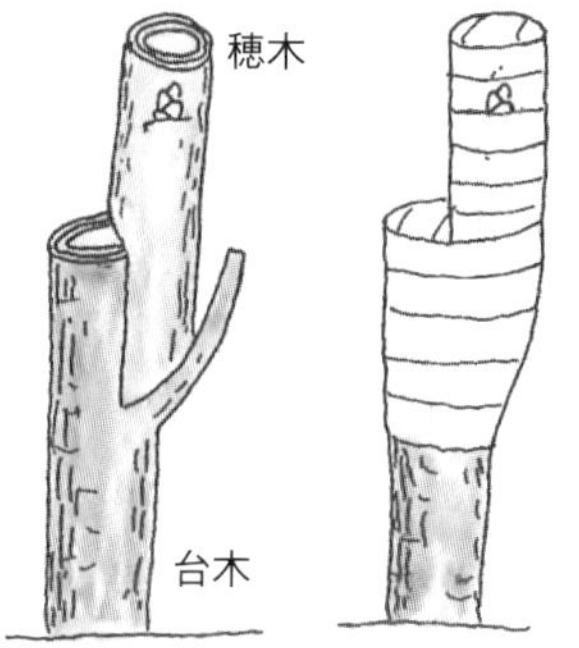

台木の切り込み部分に穂木を挿し込み、伸長性のあるテープで接ぎ木部を覆う

注：『育てて楽しむウメ 栽培・利用加工』（大坪孝之 創森社）より

切り接ぎの手順

ここでは、もっとも一般的な切り接ぎの手順を紹介します（**図15**）。

台木は植えたのちに地上部が10cmくらい出た部分で切断します。接ぎ穂は、2～3芽をつけて6～8cmくらいの長さで切断します。

接ぎ穂の下部を2～3cmほど、木質部が露出しない程度に削り、削った反対側を45度くらいの角度をつけて削っておきます。

台木のほうは上部に2～3cmほど切り込みを入れ、接ぎ穂を削って露出させた形成層と、台木の形成層を合わせ、メデールやパラフィルムなど引っぱると伸びる接ぎ木専用テープなどを巻きつけ、固定します。

しっかりと活着するまでは、直射日光にさらさないように覆いをし、有機質に富んだ肥沃地で、保温と保湿につとめれば、活着もスムーズに進行し、失敗する確率も少なくなります。活着したものは5～6月に急速に伸びるので、支柱を立ててまっすぐに伸ばして1本仕立てにしていきます。この状態で秋まで育成すると、60cmくらいには成長します。

なお、4～5月ごろはアゲハチョウの幼虫による食害が多く、見つけたら捕殺することが大切です。

◆切り接ぎのポイント

朝倉山椒組合

1　前もって採取しておいた接ぎ穂

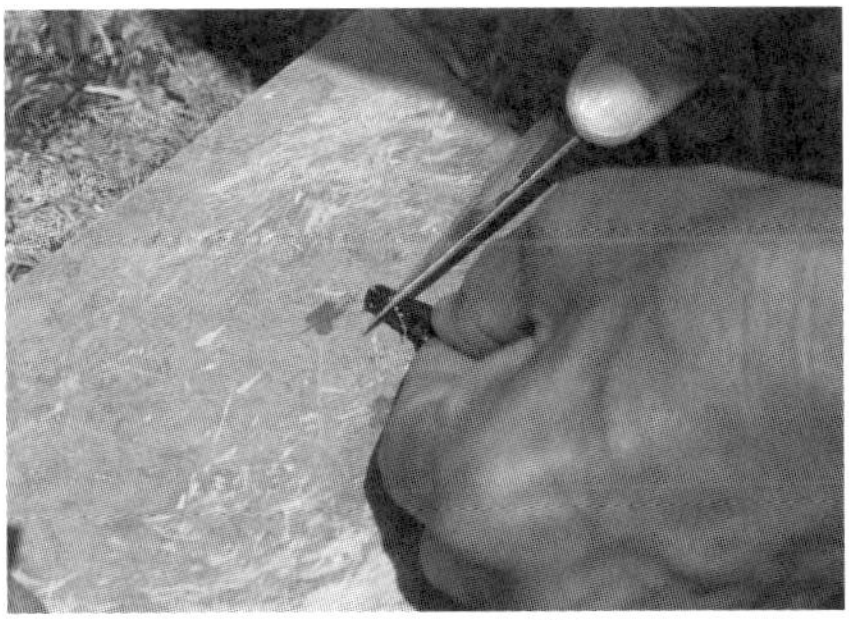

2　接ぎ穂の下部を２～３㎝ほど削る

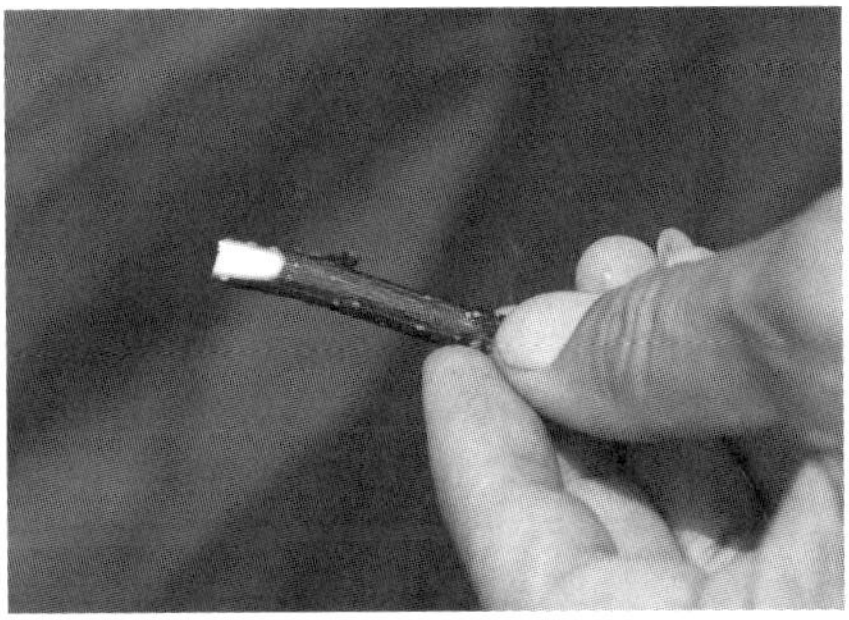

3　1刀目を入れた状態の穂木

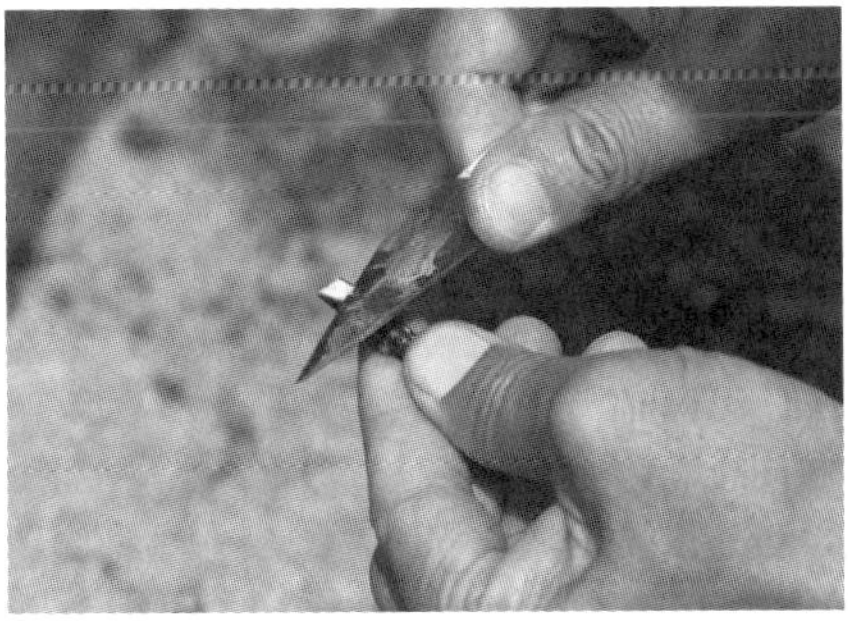

4　削った反対側に２刀目を入れる

5　台木の上部に２～３㎝の切り込みを入れる

6　台木の形成層に合わせ、穂木を挿し込む

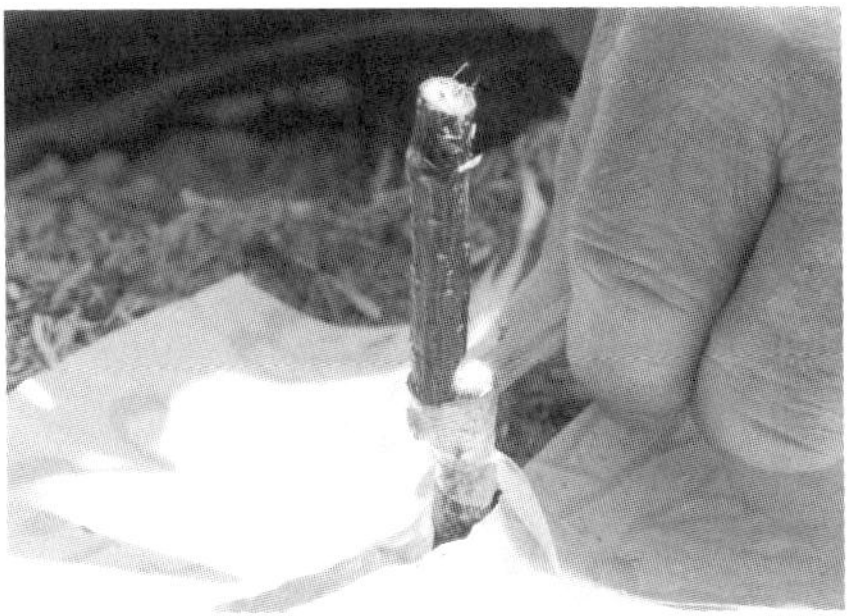

7　接ぎ木専用テープを巻きつける

8　テープで全体を覆う

◆活着の例

完全に活着して伸長

鉢植え栽培のポイント

土地の狭い都会では、サンショウを多数植えたり大きな樹に育てたりすることはできませんが、観賞を兼ねて鉢植え栽培をすることができます。

鉢などの準備

輪鉢。10号鉢（左）と12号鉢

鉢の用意

サンショウは大きくなる樹ではないので、鉢植えに適した植物です。どれくらい樹を大きくするかにもよりますが、長い間にわたり栽培するには10号（直径30㎝）以上の深鉢が必要です。10号鉢で約8ℓ、12号（直径36㎝）で約14ℓの容量があります。

ただし、大きな鉢の容量いっぱいに土を入れると重くなり、一人では移動しにくくなることを想定しておいたほうがよいでしょう。

プランターの用意

近年、さまざまな材質による鉢やプランターが市販されています。これらを求めて利用してもよいのですが、手づくりプランターの活用例を紹介します。

杉板を組み合わせてプランターをつくり、底板に通気性をよくするため、多数の穴を開けます。さらにそこにキャスターをつけておくと、移動に便利です。なお、身のまわりにある古材や空き箱などを生かしてプランターをつくることも可能です。

素焼きの10号鉢

鉢への植えつけ

まず、鉢底の排水孔をネットで覆

い、日向《ひゅうが》土を全体の20％ほど敷き詰めます。日向土は鹿沼土と似ていますが、鹿沼土より硬く、軽石よりも軟らかく崩れにくいという特徴があります。根腐れの原因となる粉が少ない材料です。

その上に苗木を置き、赤玉土などの用土を80％ほど入れます。深植えにならないようにするため、苗木の接ぎ木部が見え隠れするくらいの深さに植えます。

用土は赤玉土に鹿沼土を混ぜただけのものでもかまいません。むしろ肥料が多いと、植え替え時のストレスに加え、肥料もストレスとなるので、養分の少ない土のほうが無難です。植え替えたのちに芽が出てきたら鶏糞や油粕、苦土石灰などを追肥します。

もし、植え替え時に腐葉土に肥料を混ぜた用土を使う場合は、植え替えの2週間前に混ぜて、土をならしておいてから使うようにします。

苗木を植えつけたら、樹が傾かないように支柱を立てます。用土の上に水ゴケ、わらなどを敷き詰め、土が乾かないように水を与えます。

赤玉土はベースとなる用土

鉢底に日向土、または鹿沼土を敷く

湿り具合や乾燥具合に注意する

３～４年目から収穫できるようになる

植え替えのコツ

数年経ち、水やり時に鉢に水がしみ込みにくくなってきたら、一回り大きい鉢に植え替えます。

根鉢の土は2割程度ほぐして落とし、古い根を剪定します。あとは前述の植えつけ時と同じ要領で植えつけます。

春と秋に剪定をおこない、樹高を約1mに抑える

鉢植えの管理

鉢の置き場所

鉢植えやプランター植えは、持ち運びができることが大きなメリットです。春先の霜害を受けやすい時期は、家の軒先や室内に移動させて保護することもできます。

水やりと施肥

鉢植えは土の容量が少なく、乾きやすいので、水やりを怠らないようにします。春から夏場にかけて土壌が乾きやすくなるので、適宜水を与えます。

一方、土がしまって目詰まりをおこしているような鉢では、水がたまって湿害をおこすことがあります。表面の水ゴケの湿り具合や乾燥具合などを確認しながら、適度に水を与えます。

肥料は油粕や鶏糞、苦土石灰などを使いますが、元肥として10月ごろ、追肥として3月ごろの芽吹きの時期と実が成熟する8月ごろに与えます。

整枝・剪定

整枝・剪定は露地栽培と同等です。時期は秋ならば11月から12月までにおこない、春なら3月に入ったころにおこないます。樹の高さは、せいぜい1mくらいに抑えるように剪定し、横幅も直径1m以内におさまるように整えます。

収穫

鉢に植えつけて、3年目くらいから収量はわずかとはいえ、収穫できるようになります。極端に弱らせてはいけませんが、鉢植えの場合は早くから結実させるほうが、樹がコンパクトにおさまります。

第3章

サンショウの利用加工と料理

真空パック詰にして冷凍保存

サンショウの利用部位と利用法

利用する部位

サンショウは実、花、葉、若芽が利用されています。それぞれ実ザンショウ、花ザンショウ、葉ザンショウ、木の芽と呼ばれ、芳香と辛味が魅力になっています（表9）。

サンショウは果樹として用途が広い

サンショウの若芽は、一般に木の芽と呼ばれます。4～5月に採取し、吸い物、酢の物、田楽、あえ物、佃煮などに利用します。

花ザンショウも4～5月に収穫し、佃煮などに使います。

サンショウの加工用途としていちばん多いのが佃煮用で、実ザンショウの未熟果を利用します。佃煮用の果実の収穫期は栽培地域により異なりますが、一般的に5月下旬から6月上旬ごろです。佃煮用の果実は大粒で香りが高く、柔らかい品質のものが良質とされています。

中国の調味料に花椒《ホアジャオ》油《ユ》がありますが、実ザンショウの未熟果や完熟果を利用したもので独特の風味、辛味を生かし、麻婆豆腐や炒め物などの中国料理を引き立てます。

実ザンショウの乾果（完熟果）は、サンショウの粉や七味、あるいは生薬（漢方薬）やカレー粉、和菓子など、広く利用されています。乾果の収穫期は7月中旬から8月下旬ごろで、果実を収穫して乾燥させたのち、果皮を粉砕して利用します。

そのほか樹皮は、コンブと一緒に煮て佃煮にされます。また、樹皮には薬用成分があり、材（幹）は黄白

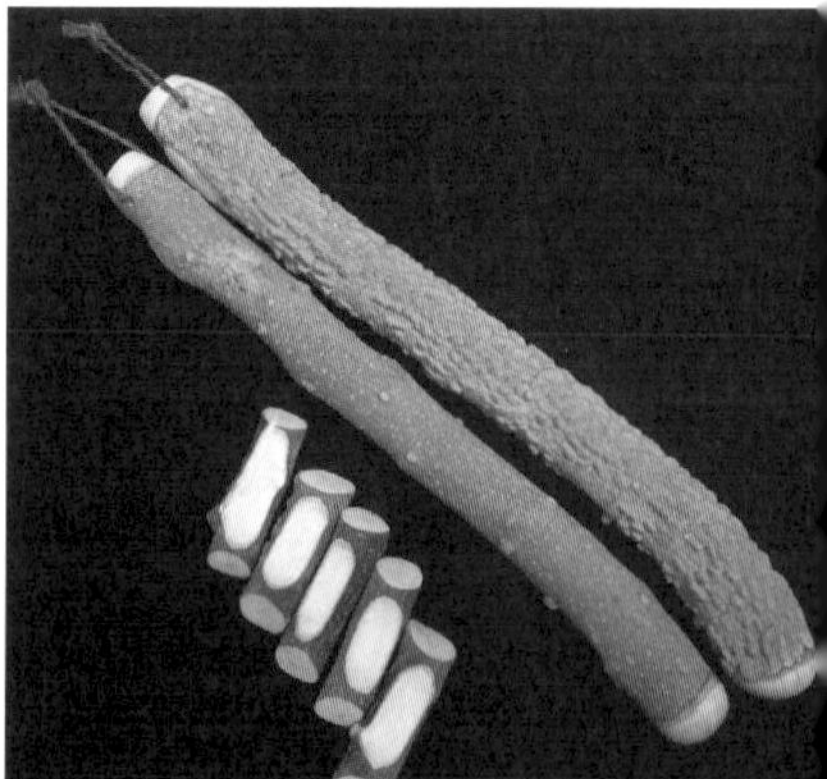
幹を生かしたすりこ木と箸置き

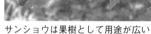

表9　サンショウの利用部位と用途

利用部位		収穫時期	用　途
葉		4～5月	若葉を木の芽として吸い物、酢の物、田楽、あえ物、佃煮など
花		4～5月	花ザンショウ（雄株）。料理のツマ、吸い物、サンショウ酒、佃煮など
実	未熟果（緑色）	5～6月	主な用途は佃煮など。なお、生果を水煮、塩漬けなどにして瓶詰、真空パック詰にして保存もする
	完熟果（緑～赤色）	7～10月	香辛料、漢方薬として。粉末利用が主。サンショウ粉、七味、カレー粉、和菓子など
樹皮（あま肌）		周年	辛皮として佃煮（10年以上の樹）
幹（材）		周年	すりこ木、箸置き（10年以上の樹）

注：「アサクラサンショウ栽培の手引」（廣田智子原図）より

木の芽はしゅんの逸材

色を帯びて堅く加工されて、すりこ木、箸、箸置き、杖などに利用されています。

年じゅう利用の木の芽

先に述べたとおり地植えのサンショウの木の芽の採取期は、4～5月。しゅんは限られているはずですが、しゅんのときの木の芽とは別に市場では一年じゅう木の芽が出回っています。

段ボール箱詰のサンショウ生果

専門的な経済栽培のため、これまで触れてきませんでしたが、埼玉県や愛知県、滋賀県、岐阜県などで料理のツマ用としての木の芽の周年栽培をおこなっているからです。養成した苗木を加温ハウスの床に伏せ込む促成栽培、苗木を冷蔵してハウスの床に伏せ込む抑制栽培などを組み合わせ、周年出荷体制を敷いています。

たとえ採取時期をのがしたとしても、木の芽は年じゅう出回っています。いろいろな料理に有効に生かしたいものです。

ウナギの蒲焼きには粉山椒

サンショウの粉はトウガラシ、カラシ、コショウとともに香辛料として昔から親しまれています。とくに

粉山椒

サンショウの粉は、日本人の誰もが好む和食、ウナギの蒲焼きに一味添えるのに欠かせません。

ウナギ屋によっては、サンショウの産地から定期的に乾果を粉にしたばかりの青みがかった粉山椒を取り寄せているところもあります。

また、第1章でも述べましたが、乾果の収穫時期、保存状態、加工法などによって粉山椒の色合いが変わるので粉末青山椒、粉末赤山椒として製品を打ち出しているところもあります。

サンショウ果実の保存と貯蔵

サンショウの果実は収穫期間が限られているため、収穫期以外にも利用するとなると、じょうずに保存していかなければなりません。

実ザンショウの冷凍保存

サンショウの果実は、開花後35日ごろまでの未熟果を摘みます。時期が過ぎるとエグミが強くなり、果実も硬くなります。収穫時期は割ったときに、中の種子が乳白色で指でつぶれるくらい軟らかいのが最適です。

冷凍保存の実ザンショウ

冷凍保存法

果実を摘んだら軸（果梗）をとり、なるべく早く処理します。

①房のまま沸騰した湯で1分ほど湯がきます。ゆでた果実が指でつぶせるくらい軟らかくなったらゆであがりです。ゆでるさいに塩をひとつまみ入れてもかまいません。

②ゆであがった果実を10分くらい冷水につけアクをとります。

③アクをとったあと水切りをし、キッチンペーパーで水気を取り除きます。

④冷凍用保存袋に入れて冷凍庫で保存します。量が多い場合は、小分けにして保存しますが、中の空気を

できるだけ抜きます。こうしておけば1年くらいは、香りを失わず保存できます。

⑤使うときに凍ったままもむと、不要な枝や軸を簡単にはずすことができます。

実ザンショウの水煮瓶詰

食品の貯蔵法として古くから水煮瓶詰がつくられてきましたが、実ザンショウのしゅんはほんの一時期であるだけに、水煮に加工しておくと重宝します。

実ザンショウを水煮にして保存

材料

実ザンショウ（割ると中の種子が乳白色の未熟果。保存するガラス瓶の大きさに合わせて適量）、塩、水

煮る方法

①実ザンショウの軸をはずします。

②沸騰させた湯に適宜塩を入れ、実ザンショウを入れて、約2分ゆでます。

③実ザンショウをざるに上げて冷水にさらし、水を切ります。

④煮沸消毒しておいた瓶の9分目までに塩水（塩は水の約3％の分量）を入れ、瓶の8分目まで③を入れます。

⑤瓶にふたを軽くのせ、蒸し器に入れて中身が80℃くらいになるまで蒸して脱気し、ゴム手袋などをしてふたをきっちり締めてふたたび煮沸殺菌し、取り出して冷やします。

メモ

水煮瓶詰は冷暗所に置くと、6か月以上保存できます。ふたをあけたら、なるべく早めに使い切るようにします。

実ザンショウの水煮袋詰

水煮瓶詰の場合と同様に実ザンショウを処理し、真空パックの袋に詰めて保存する方法です。

ここでは、水煮袋詰の手順などを紹介します。

材料

実ザンショウの未熟果…3kg
塩…大さじ1杯
水…7～8ℓ

煮る方法

①大鍋で湯を沸かします。

②沸騰したら軸をとった実ザンショウと塩を入れ、再沸騰後2分ゆで、ざるに上げて水気を切ります。

③冷めたら真空パックの袋に詰めて冷凍庫で保存します（約1年間保存可能）。

〈兵庫県朝来《あさご》農林振興事務所資料より〉

メモ

実ザンショウを冷凍庫から取り出して使うときは、冷凍のまま両手で軽くこすり合わせて軸をとり、熱湯にさっとくぐらせ、ざるに上げるようにします。

加工するさいには軸をはずす

ちなみに真空パック機（密封パック機）は、東急ハンズやホームセンターなどのキッチンコーナーなどで家庭用の手軽なタイプが数種あります。価格は8000〜2万円（2016年3月現在）。専用の厚手ポリ袋やシートなどに食品を入れたり挟んだりして、中の空気を抜く方式のものです。もちろん、サンショウ以外のさまざまな食品にも使用できます。

実ザンショウを真空パック詰めにする

実ザンショウの塩漬け

ゆでて下ごしらえをした実ザンショウを塩漬けにしておくと、いつでも、ちりめん山椒などに加工できます。塩を控えめにして漬ければ、塩出しをせずにそのまま使うことができます。

実ザンショウの下処理

①実ザンショウを入手したら、放置すると実が硬くなるので、なるべく早く軸（果梗）を取り除いて処理します。

②軸をはずした実をボウルに入れて流水にさらします。水にさらすことで、軸を取り除いた部分の変色を

防ぐことができます。

③鍋にたっぷりの湯を沸かし、実ザンショウをゆでます。目安は7〜8分ですが、実をつまんでつぶれるくらい軟らかくなったら、ゆであがりです。

④ゆであがった実をボウルに移し、水を入れて30分くらい浸し置きにし、アクを抜きます。30分ほどさらした実を一粒食べてみて、えぐみや辛味が強いようなら、水にさらす時間を長くします。

材料

つくりやすい分量として200gの実ザンショウを用意します。

粗塩…30g（実ザンショウの約15%の分量）

漬ける方法

①ボウルに下処理をした実ザンショウと粗塩を入れて、よく混ぜ合わせます。

②実ザンショウの2倍ほどの重石をのせ、ラップをして暗いところで保管します。常温で保存することで塩が自然に溶けます。

③2〜3日置いて水が上がってきたら汁気を切ります。瓶詰にして冷蔵庫に保存し、10日ほどして味がなじんだら食べごろです。

メモ

冷蔵庫に保存すれば3か月ほど保存できます。

塩漬けした実ザンショウは、ちりめん山椒や煮魚、炊きこみごはんなどに利用できます。

使う前にはさっと水で洗い、水気を切ってから利用します。一粒食べてみて塩辛くなければそのまま使い、塩辛いようなら20〜30分ほど水に浸して塩抜きをします。

実ザンショウのしょうゆ漬け

サンショウの果実を、しょうゆに漬けただけでつくることのできるシンプル保存食です。

しょうゆはサンショウの風味が利いた調味料にもなり、煮物やお刺身しょうゆとしても使えます。

漬ける方法

①きれいに洗って煮沸消毒したジャムの瓶などを用意します。瓶のなかには、水滴が残らないようにふき取っておきます。

②ゆでて水にさらし、下処理した実ザンショウの水気を、キッチンペーパーなどでふき取ります。

③実ザンショウを瓶に詰めたら、しょうゆをひたひたより多めに入れます。サンショウが完全にしょうゆに浸るように処理するのが大切です。

メモ

瓶詰の実ザンショウのしょうゆ漬けは、2週間から1か月ほど冷蔵庫で寝かせば使えます。そのまま冷蔵庫に保管すれば6か月はもちます。

サンショウの風味が移ったしょうゆは、刺し身のつけしょうゆや白身の魚やタコ、イカなどにオリーブオイルをふったカルパッチョにも最適です。実は、イワシやサバなどの煮つけに、しょうゆと一緒に使うと爽やかな味に仕上げられます。

乾燥後、果実の中の黒い種子を取り除く

粉山椒のつくり方

粉山椒の利用範囲が広いことは、よく知られています。ウナギの蒲焼き、焼き鳥の風味づけ、お吸い物などに利用されています。

粉山椒にするサンショウの果実は、7月以降に採取した種子が黒くなったものを使用します。赤く色づいた果実でもかまいません。

つくり方

①収穫したサンショウは軸がついたまま、風通しがよいところで天日干しします。そのときの湿度により、乾かす日数は異なりますが3～5日くらいで乾燥できます。湿り気があるとカビが発生することがあるので、よく広げて乾燥させます。

②乾燥すると果皮が裂けて、黒い種子が見えるので、種子はていねいに取り除きます。

③軸や種子などを、きれいに取り除いたら果皮をフライパンでサッと炒り、すり鉢に入れてすりこ木でしっかりと粉にします。粉にしたサンショウは、茶こしで濾して細かな粉だけに分別します。

メモ

乾果の種子と果皮が分離しきれていない場合、手袋をした手のひらでもんだり、ふるいにかけたりすると種子と果皮が分離します。また、すり鉢ではなく、ミル（粉砕機）で粉にすることもできます。

粉山椒は、すりたてがいちばん香りや辛味が強く、しだいに香り、辛味は薄くなってしまいます。粉山椒は、つくったらなるべく早く使いきるようにします。

実ザンショウの加工食と料理

実ザンショウは開花後35日ごろまでに摘んだ未熟果を使います。割ってみて種子が乳白色で、軟らかい状態の時期が、採取時期です。

熟し過ぎた果実は、硬くなるばかりではなく、すりつぶすのが容易ではありません。また、えぐみも強くなり風味が悪くなります。梅雨がはじまる前に収穫したものを使うようにしましょう。

佃煮は実ザンショウの定番加工品

実ザンショウの佃煮

材料

実ザンショウ…２００g
しょうゆ…50㎖（好みによって、３倍濃縮の麺つゆでも可）
酒…２００mg
みりん…20㎖

実ザンショウの下ごしらえ

①実ザンショウは軸を取り除きますが、細い軸は食感にあまり影響がないので、多少残っていてもかまいません。

②鍋にたっぷりの湯を沸かし、塩を一つまみ程度入れてから実ザンショウをゆでます。ゆで時間は、未熟果の場合は短く、熟した果実は長くします。

③果実をつまんでつぶれる程度にゆであがったら、ざるに上げます。

④すぐに冷水に浸し、2～3回程度水を替えながら、半日ほど水にさらしておきます。さらし終わったら水気をよく切り、小分けにして冷凍しておくといつでも使えます。

つくり方

①下ごしらえした実ザンショウと、しょうゆなどの調味料を厚手の鍋に入れ、中火で煮ます。味をしみ込ませるために、実ザンショウを調味料に浸して一晩置き、翌日、煮詰めてもかまいません。

②沸騰したら弱火にし、紙ぶたをして、ほぼ汁気がなくなるまで煮詰めれば完成です。ときどき上下を返しながら、味がまんべんなくしみる

ようにします。急がずに時間をかけて煮ると、おいしく仕上がります。

メモ

煮上がった実ザンショウの佃煮は、清潔な容器に入れて、冷蔵庫で保管すると、約1年は保存できます。

酒の肴をはじめ、おにぎりの具、魚や牛肉を煮るときに加えても、おいしく食べられます。

実ザンショウのペースト

実ザンショウのペーストはドレッシングに入れたり、焼き魚に塗ったりしてもよく、爽やかな風味、香りを楽しむことができます。

材料

実ザンショウ、酒、塩

つくり方

①実ザンショウを下ごしらえします。（前出の佃煮の場合と同じ）。

②実ザンショウを酒、塩とともにすり鉢に入れ、ペースト状にします。

メモ

フードプロセッサーがあれば、ペースト状にするのに便利。ふた付きの保存容器（ガラス瓶）に入れると冷蔵庫で2週間ほど保存できます。

山椒みそ

山椒みそは、サンショウの実と甘みそを混ぜ合わせたみそです。

材料

実ザンショウ、みそ、砂糖、だし汁（各適宜）、酒（好みで少々）

つくり方

①実ザンショウは洗い、軸を取り除き水気をよく切っておきます。

②洗った実をすり鉢に移し、よくすりつぶします。

③鍋にみそと砂糖を加え、弱火にかけて練ります。そこにだし汁（好みで酒）を加えながら、ペースト状になったみその硬さを調節しながら、甘みそをつくります。

④甘みそが冷めたところで、すりつぶした実ザンショウに加え、再度よくすり混ぜれば完成です。

メモ

みりんを使うと、みそがだれるので、甘味は砂糖で調節します。砂糖は、普通の上白糖や三温糖でもかまいませんが、和菓子などに使われる和三盆（結晶の細かい上質の砂糖）を使うと、上品な甘みのみそに仕上がります。

生の実ザンショウは時期的なものなので、タイミングよく入手できない場合は、多少風味は落ちますが、塩漬けの実ザンショウなどで代用してもかまいません。

　山椒みそは、そのまま酒の肴やごはんのおかずとしても利用できます。豆腐やコンニャク、川魚に塗り、火にあぶったみそ田楽としてもよく合います。

　また、夏から秋にかけてナス炒めをつくるときに山椒みそをベースの調味料として用いるだけでも絶品の味わいになります。

あると重宝する山椒みそ

みんなに喜ばれる山椒みそ田楽

ちりめん山椒

　ちりめん山椒は、実ザンショウと小魚のちりめんじゃこを一緒に炊き合わせたもの。現在では全国どこでも入手できるほど、ポピュラーな佃煮になっています。この料理は50年くらい前に、京都の料理人の手によって、海の幸のちりめんじゃこと、山の幸のサンショウを炊き合わせて生まれた、家庭料理の一つです。

　京都市は海から遠い内陸に位置しているので、生魚を食す機会が少なく、多くは保存が利くように、塩やみそ、しょうゆなどで味つけする風習がありました。また、サンショウは京都市周辺の山間部で盛んに栽培され、早春の木の芽をはじめ黄色い花ザンショウ、そして実ザンショウと非常になじみ深い食材でした。

　そのような風土から、小魚のちりめんじゃこと実ザンショウをしょうゆで炊き合わせた料理が生まれたのは、ごく自然の流れだったといってもよいでしょう。

材料
ちりめんじゃこ…２００g
下処理をした実ザンショウの塩漬け…30g
水…１００mℓ
酒…１５０mℓ
みりん…大さじ３杯
砂糖…大さじ１杯
しょうゆ…50mℓ

つくり方

①ちりめんじゃこは、煮崩れないようにやや硬めのものを使います。熱湯に通して、ざるに上げ、水気を切っておきます。

②厚手の鍋に水や酒、みりん半量、砂糖を入れ、煮たったら中火にします。

③②に水気を切ったちりめんじゃこを入れ、煮たったところで、しょうゆを加えて中火で煮ます。

④煮汁がほとんどなくなったら弱火にし、下処理をした実ザンショウの塩漬けと、残っていたみりんを加えて煮上げます。炊きあがったちりめん山椒は、煮汁が垂れるので、パットを敷いたざるの上に広げて冷まします。

ちりめん山椒は海と山の幸の最高傑作。どこでも入手できるようになったが、求めるとなると意外に高い

メモ

きれいに洗って水気をふき取った保存容器に入れ、冷蔵庫に保管すると約2週間はもちます。

花椒油

中国の四川《シセン》地域は高温多湿なことから、食欲を増すためにサンショウを多用します。実を生かした花椒《ホアジャオ》油《ユ》は、トウガラシなどを用いた辣油《ラーユ》とともに本格的な麻婆豆腐に欠かせません。

鮮烈な辛味、旨味を卓抜に打ち出す東京・新宿の四川料理店、神楽坂芝蘭《チーラン》の中洞《なかほら》新司料理長による花椒酒のつくり方を紹介します。

材料

実ザンショウの未熟果（青ザンショウ）と完熟果（果皮が赤い状態の赤ザンショウ）、食用ダイズ油

つくり方

①実ザンショウの未熟果、完熟果を種子が入った状態のまま丸ごとミル（粉砕機）で粗くくだきます（瓶で叩いてつぶしてもよい）。

②油を高温で熱した後、ボウルに入れた①にかけ、24時間ほど置き、風味、辛味をなじませます。

③あら熱がとれたら、金網のざるにキッチンペーパーを敷いて濾します。

メモ

材料について中洞料理長は「実ザンショウは辛味の強いものがよく、

油は好みによりますが、わたくしのところでは軽めで辛味や風味のなじみやすいダイズ油にしています」と打ち明けます。

濾した花椒油は煮沸消毒したガラス瓶に実ザンショウごと入れて保存します。常温で3～4か月は保存できますが、開封後は冷蔵庫に入れます。

花椒油を麻婆豆腐はもちろん、野菜炒めや海鮮炒めなどに1～2滴加えるだけで料理が引き立ちます。

炒め物の味を引き立てる花椒油

ちなみに神楽坂芝蘭では、みやげ用に辣油とともに瓶詰の花椒油を展示販売しています。

山椒香味油

ブドウサンショウづくりの本場である和歌山県有田川町のかんじゃ山椒園（永岡冬樹代表）では、さまざまなサンショウ加工品を創案しています。花椒油に近いものを山椒香味油の名称で、米油メーカー㈱築野《つの》食品工業とのコラボレーションで製品化しているので、つくり方のポイントを紹介します。

材料

実ザンショウの乾果、食用米油

つくり方

①実ザンショウの種子を取り除き、果皮をミルで粉末状にし、煮沸消毒などで殺菌しておいたガラス瓶に入れます。

②米油を60℃に熱し、瓶の8～9分目になるまで注ぎ、密封してよく振ります。

③常温の部屋で1日2～3度振りながら、1週間ほど保管するとできあがりです。

メモ

油は他の食用植物油でもよいのですが、かんじゃ山椒園ではくせのない食用米油を採用しているとのこと。なるべく早めに使いきるようにしますが、開封後は冷蔵庫で保管します。

山椒香味油を炒め物などの料理の仕上げに数滴加えるだけで、口中《こうちゅう》にサンショウの香味、辛味が広がり、別物の料理になります。

サンショウの果実酒

ピリリと辛味のあるサンショウ果実酒は、新陳代謝を促進し、疲労回復、健胃整腸、利尿などによいとされています。

材料

実ザンショウ、焼酎（35度）、砂糖少々

つくり方

①実ザンショウを水洗いし、よく水気を切り、瓶に5分の1ほど入れます。

②焼酎と砂糖を入れ、2～3か月熟成させてから中の果実を取り出します。

メモ

黄みの混ざった琥珀色に結晶。ストレートでもブレンドでも爽やかな風味を楽しむことができます。

木の芽&花ザンショウの利用加工

木の芽みそ

サンショウの若芽である木の芽と、やや甘めの白みそとを合わせてつくるのが木の芽みそです。木の芽の薄緑色が目に爽やかで、初夏の季節にマッチしたみそです。爽やかな色を出すには、緑色を補うために、ホウレンソウなどの青菜を混ぜて使うのがポイントになります。

木の芽みそは初夏を代表する味覚

青菜の葉をすりつぶして水を加えて煮立て、浮いてくる緑の色素をすくい取ったものを青寄せといい、あえ物や寄せ物などの色づけに使われています。しかし、家庭ではそこまで手をかけずに、ホウレンソウなどの葉先をゆで、すり鉢でするか裏濾ししたものでも十分です。

材料

木の芽、ホウレンソウの葉先、甘みそ（各適量）、だし汁、酒（少々）

つくり方

①木の芽は洗って、よく水気をふきとります。摘み取って間もない芽

を使うのが理想ですが、山野から摘んできたばかりの場合、軸の部分が硬いので、若い芽か葉先のやわらかい部分だけを使うようにします。

②ホウレンソウはゆでて水気を絞り、①の木の芽と一緒にペースト状になるまで、すり鉢ですり混ぜます。

③鍋にみそ、だし汁、酒を入れて弱火にかけ、へらで混ぜながら元のみその硬さになるまで練りあげます。

④②を入れたすり鉢に③を加え、よく混ぜれば完成です。

メモ

木の芽みそは、ホウレンソウで増やしているので、サンショウのピリッとする辛さは薄れますが、木の芽の香りが漂い、おいしく味わうことができます。

そのまま酒の肴やごはんのおかずとして食べられますが、淡泊な味わいのタケノコとの相性がよく、ゆでて角切りにしたタケノコとあえたり、田楽風に塗って焼いても格別です。田楽にする場合は、木の芽みそに砂糖を適量加えると、よりおいしく食べられます。

木の芽ドレッシング

若芽（新芽）である木の芽を生かしてオイルにし、さらにドレッシングをつくると自然の色、香りを楽しむことができます。

材料

木の芽、塩、オリーブオイル、酢、砂糖、しょうゆ、コショウ

つくり方

①葉をとり、包丁で粗く刻みます。

②すり鉢に入れ、すりこ木ですりつぶします。

③塩、オリーブオイルを入れ、溶きのばして木の芽オイルができます。

④③をボウルに入れ、しょうゆを入れ、塩、砂糖、コショウを加えて混ぜます。

メモ

木の芽は、求めるとなると意外に高価。庭先のものをじょうずに活用して、自然の恵みを堪能しましょう。

花ザンショウの佃煮

4～5月の開花しはじめたころに収穫する花ザンショウは、実ザンショウほど芳香、辛味は強くありませんが、佃煮にすると爽やかな香りが漂ってきます。

材料

花ザンショウ、塩、酒、みりん、しょうゆ

つくり方

①たっぷりの湯を沸かして塩を入れ、水洗いした花ザンショウを軽くゆでます。

収穫した花ザンショウ

花ザンショウ（雄株）の開花

②冷水にとり、水気をしっかり搾りとります。

③鍋に酒、みりん、しょうゆを入れ、煮たてます。

④煮たったら花ザンショウを入れてかき混ぜ、落としぶたをして煮汁がほぼなくなるまで煮詰めます。

花ザンショウの佃煮製品

メモ

木の芽が意外に高いものであることについては前に述べましたが、花ザンショウはほとんど市場に出回らないので、求めることすらできません。開花時期をのがさず収穫してつくる佃煮は、身近にサンショウの樹があればこその至福の一品です。

花ザンショウの生かし方

花ザンショウは佃煮のほかに刺し身のツマに使われますが、さらに木の芽同様に吸い物、天盛り、焼き物、煮物などのつけ合わせにも用いられます。

また、京都祇園の一部の料亭では、伏見の蔵出し（原酒）を冷や酒で飲むさいに盃に花ザンショウを浮かしたそうです。サンショウの果実酒とは別の雅趣もあったことが伝えられています。

食べ方のレパートリー拡大へ

特産のサンショウを多くの方々に知っていただき、消費拡大をはかるためにサンショウ産地では料理コンテストなどを開催し、食べ方のレパートリーを広げることを提案しています。

料理コンテストで公募

アサクラサンショウは、ブランド名「朝倉さんしょ」として兵庫県但馬全域3市2町で約500戸の農家が栽培しています。

ここで2012年から毎年開催しているのが「朝倉さんしょ料理コンテスト」。主催は但馬地域の県や市町、JAたじまでつくる朝倉さんしょ企画委員会（事務局・JAたじま特産課）。

オリジナルレシピを全国から募集し、書類審査を通過したものを最終審査で最優秀賞などに選定するというものです。最終審査では応募レシピにもとづき、実際に調理したものをJAたじまや行政関係者、料理人などが試食して審査します。

朝倉さんしょと八鹿豚の角煮ひつまぶし風

2013年の最優秀賞は朝倉さんしょぎょうざ、2014年はトリさんポン、2015年はエビマヨざんしょです。

また、2012～2014年9月に養父市主催で開いていたのが「朝倉山椒A－1グランプリ」。コンテストの応募は、市内の食品加工グループや飲食店などに限定。プロによって「市内で食べられる山椒料理」を主眼として考案されたものを、〝おいしさ〟を基準に特別審査員、一般審査員が最優秀賞、優秀賞などに選定します。

ちなみに、これまでの最優秀賞は「朝倉さんしょと八鹿豚《ようかぶた》の山菜おこわ」（2012年）、「朝倉さんしょと八鹿豚の角煮ひつまぶし風」（2013年）、「朝倉さんしょペースト」（2014年）。

コンテストで考案されたもののなかから、養父市内の店で提供されるようになったメニューや加工品もあります。道の駅ようか但馬蔵では、朝倉さんしょと八鹿豚のひつまぶし風などを数量限定で提供。朝倉さんしょ佃煮などの製品とともに好評を博しています。

山椒炊き込みごはん

サンショウの季節になると地元でよくつくられるのがサンショウ炊き込みごはん。但馬のご当地レシピを紹介します。

定番の山椒炊き込みごはん

材料（5～6人前）

実ザンショウ（ゆでて軸をとった未熟果…30ｇ）
米…3合
エノキダケ…50ｇ
ニンジン…10ｇ
油揚げ…10ｇ
調味料（酒…大さじ3杯、薄口しょうゆ…大さじ2杯、だしコンブ…5㎝、塩…小さじ1杯）

つくり方

①米をといでざるに上げ、炊飯器に入れます。
②具材を適宜切りそろえます。
③材料、調味料を加えて水を3合の目盛りまで入れ、朝倉さんしょを入れて混ぜ、ふつうに炊きます。炊きあがったら、軽くほぐして器に盛ります。

メモ

実ザンショウの量を50～60ｇにし、米とサンショウだけで炊いても大人味のサンショウ炊き込みごはんになります。サンショウ産地ならではのしゅんを感じる伝承的な食べ方といえましょう。

アイデアレシピ集で発信

サンショウ生産量で最大産地の和歌山県有田川町では、特産の粒の大きなブドウサンショウを「緑のダイヤ」と呼ぶこともあります。有田川町役場が中心となり、ＪＡありだ、しみず山椒の里活性化協議会とタイアップしながら内外にサンショウのアイデアレシピを発信しています。

地元の関係者が創案した「紀州しみずぶどう山椒アイデアレシピ12」のなかから、いくつかピックアップして紹介します。

大根の山椒漬け

大根の皮をむき、長さ5cm、幅1・5cmの拍子木切りにし、実ザンショウ（未熟果）、塩、コンブ、みりんを入れて軽く重石をし、2～3日置くと食べられます。

コンニャクの山椒みそあえ

コンニャクは食べやすい大きさに切り、ゆでておきます。山椒みそをつくり、食べる直前にコンニャクとあえます。

コンニャクの山椒みそあえ

ちなみに、ここでの山椒みそは、みそ50g、山椒ペースト（実ザンショウを3回ゆでこぼし、水気を切ってミキサーにかけたりすり鉢ですったりしたもの）大さじ2杯、みりん大さじ2杯、砂糖大さじ1杯、山椒油（オリーブオイル200gに実ザンショウ100gを入れてひと煮たちさせたもの）大さじ1杯を混ぜ合わせたものです。

山椒地鶏つみれ鍋

山椒地鶏つみれ

地鶏ミンチに刻んだシイタケ、ネギ、山椒ペーストを加え、混ぜ合わせてつみれをつくります。鍋にだし汁の材料（だしコンブ、濃口しょうゆ、粉山椒、塩など）を混ぜ合わせて入れ、つみれと白菜、長ネギなど季節の野菜を入れます。

このほかのメニューは、鯖の山椒煮、山椒入り鯖飯、山椒ドレッシング、山椒マヨネーズなど。

レシピ集作成に協力した辻クッキングスクールの佐川進校長も、「山椒を知り尽くした地元の方々が奮起されて、山椒を使った料理を研究されました。すばらしいアイデアをぜひともご家庭でも活用していただき、山椒の味と香りを味わってください」と推奨しています。

の入手も可能です。ブドウサンショウ、アサクラサンショウなどの系統が主力品種になりますが、あらかじめ品種や系統、入手方法などをご確認のうえ、お申し込みください。

〈本書内容関連問い合わせ先〉　　2016年３月現在

養父市役所農林振興課　〒667-0198　兵庫県養父市広谷250-1　養父地域局内
TEL 079-664-1451　　FAX 079-664-2528

JAたじま朝倉さんしょ部会事務局　〒667-0024　兵庫県養父市八鹿町朝倉1141　JAたじま　TEL 079-662-4145　　FAX 079-662-2304

朝倉山椒組合　〒667-0024　兵庫県養父市八鹿町朝倉771　TEL 079-662-4394

㈱道の駅ようか但馬蔵　〒667-0043　兵庫県養父市八鹿町高柳241-1
TEL 079-662-3200　　FAX 079-662-3218

㈲芦生の里　〒601-0703　京都府南丹市美山町芦生須後15
TEL 0771-77-0236　　FAX 0771-77-0722

美山山椒の会　〒601-0724　京都府南丹市美山町内久保池ノ元10
TEL＆FAX 0771-75-0637

有田川町役場清水行政局産業振興室　〒643-0521　和歌山県有田郡有田川町大字清水387-1　　TEL 0737-25-1111（代表）　　FAX 0737-25-9005

かんじゃ山椒園　〒643-0512　和歌山県有田郡有田川町宮川129
TEL 0737-25-1315　　FAX 0737-23-7980

しみず山椒の里活性化協議会　〒643-0521　和歌山県有田郡有田川町大字清水387-1
有田川町役場清水行政局内　TEL 0737-52-2111

JAありだ清水営農センター　〒643-0521　和歌山県有田郡有田川町清水828-2
TEL 0737-25-0635　　FAX 0737-25-0610

㈲飛騨山椒　〒506-1431　岐阜県高山市奥飛騨温泉郷村上35-1
TEL 0578-89-2412　　FAX 0578-89-3328

高原山椒生産組合　〒506-1431　岐阜県高山市奥飛騨温泉郷村上25
JAひだ奥ひだ支店内　TEL 0578-89-2001　　FAX 0578-89-2279

風漣堂　〒606-0831　京都市左京区下鴨北園町10-6
TEL 075-722-0451　　FAX 075-781-4677

楽庵　〒600-8092　京都市下京区綾小路東洞院東入神明町241-1　TEL 075-352-5252

友栄　〒260-0032　神奈川県小田原市風祭122　TEL 0465-23-1011

神楽坂芝蘭　〒162-0825　東京都新宿区神楽坂3-1 クレール神楽坂Ⅱ2F
TEL 03-5225-3225　　FAX 03-5225-3227

◆インフォメーション

〈サンショウ苗木入手・取扱先〉　2016年３月現在

茨城農園　〒315-0077　茨城県かすみがうら市高倉1702
TEL 0299-24-3939　FAX 0299-23-8395

日本花卉ガーデンセンター　〒333-0823　埼玉県川口市石神184
TEL 048-296-2321　FAX 048-295-9820

㈱改良園通信販売部　〒333-0832　埼玉県川口市神戸123
TEL 048-296-1174　FAX 048-297-5515

㈱オザキフラワーパーク　〒177-0045　東京都練馬区石神井台4-6-32
TEL 03-3929-0544　FAX 03-3594-2874

㈱サカタのタネ通信販売部　〒224-0041　神奈川県横浜市都筑区仲町台2-7-1
TEL 045-945-8824　FAX 0120-39-8716

㈱江間種苗園　〒434-0003　静岡県浜松市浜北区新原6591
TEL 053-586-2148　FAX 053-586-2146

タキイ種苗㈱通販係　〒600-8686　京都市下京区梅小路通猪熊東入
TEL 075-365-0140　FAX 075-344-6705

北斗農園　〒623-0362　京都府綾部市物部町岸田20
TEL 0773-49-0032　FAX 0773-49-0679

㈱国華園　〒594-1192　大阪府和泉市善正町10
TEL 0725-92-2737　FAX 0725-92-1011

精香園　〒664-0004　兵庫県伊丹市東野5-46
TEL 0727-82-3501　FAX 0727-82-3511

㈱大和農園通信販売部　〒632-0077　奈良県天理市平等坊町110
TEL 0743-62-1185　FAX 0743-62-4175

小坂調苗園　〒649-6112　和歌山県紀の川市桃山町調月888
TEL 0736-66-1221　FAX 0736-66-2211

成蹊園　〒649-6112　和歌山県紀の川市桃山町調月1327-2
TEL 0736-66-0589　FAX 0736-66-1946

森田養苗園　〒649-7114　和歌山県伊都郡かつらぎ町西飯降50-1
TEL 0736-22-0730　FAX 0736-22-7588

㈱山陽農園　〒709-0831　岡山県赤磐市五日市215
TEL 086-955-3681　FAX 086-955-2240

いずも八山椒㈲　〒699-1323　島根県雲南市木次町東日登506-12
TEL 0854-42-0235　FAX 0854-42-5330

＊このほかにもサンショウの苗木を取り扱う苗生産業者、およびJA（農協）や園芸店、デパート・ホームセンターの園芸コーナーなどがあります。通信販売やインターネット販売などで

産地ではサンショウ果実を適期収穫

●

デザイン――寺田有恒（イラストレーションも）
ビレッジ・ハウス
撮影――蜂谷秀人　三宅 岳　ほか
写真・取材協力――兵庫県立農林水産技術総合センター
養父市役所農林振興課（長村憲佑）
福井悦雄（ＪＡたじま朝倉さんしょ部会）
才木 明・才木正義・中島昇男（朝倉山椒組合）
高階 武（畑特産物生産出荷組合）　ＪＡたじま特産課
ＪＡたじま八鹿総合営農生活センター（藤原弘樹　竹村裕介）
道の駅ようか但馬蔵　岩見ちはる（養父市役所企画総務部付）
清水 勝（芦生の里）　内藤一夫　内藤松一　栢下 壽
有田川町役場清水行政局産業振興室（福本泰代）
かんじゃ山椒園（永岡冬樹）　前田隆昭（南九州大学）
服部果樹園　北林利樹　いずも八山椒（若槻雅人）
内藤一彦（飛騨山椒）　高原山椒生産組合　風漣堂
射場征一　ＪＡ大阪北部箕面支店　神楽坂芝蘭
楽庵　友栄　ほか
執筆・撮影協力――酒井茂之
校正――吉田 仁

編者
●真野隆司（まの たかし）
　現在、兵庫県立農林水産技術総合センター主席研究員、博士（農学）。
　1959年、兵庫県生まれ。鳥取大学農学部卒業。兵庫県立農業総合センター但馬分場、加西農業改良普及所、中央農業技術センター、姫路農業改良普及センター、農林水産技術総合センター、北部農業技術センターを経て現職。サンショウ、イチジク、ナシなどの栽培改善、品種育成、気象災害防止等に従事。
　編著に『イチジクの作業便利帳』(農文協)など。

編纂協力
●廣田智子（ひろた ともこ）
　兵庫県立農林水産技術総合センター北部農業技術センター主任研究員、博士（農学）。

〈育《そだ》てて楽《たの》しむ〉サンショウ　栽培《さいばい》・利用加工《りようかこう》

2016年5月13日　第1刷発行
2020年8月3日　第2刷発行

編　　者――真野隆司《まのたかし》
発 行 者――相場博也
発 行 所――株式会社 創森社
〒162-0805 東京都新宿区矢来町96-4
TEL 03-5228-2270　FAX 03-5228-2410
http://www.soshinsha-pub.com
振替00160-7-770406
組　　版――有限会社 天龍社
印刷製本――中央精版印刷株式会社

 ISBN978-4-88340-306-6 C0061